KB021987

버럭맘 Q&A 처방전

버럭맘 Q&A 처방전

초판 1쇄 펴낸 날 | 2018년 6월 30일

지은이 | 박윤미
펴낸이 | 이금석
기획 · 편집 | 박수진, 박지원
디자인 | 김경미
마케팅 | 곽순식
경영 지원 | 현란
펴낸 곳 | 도서출판 무한
등록일 | 1993년 4월 2일
등록번호 | 제3-468호
주소 | 서울 마포구 서교동 469-19
전화 | 02)322-6144
팩스 | 02)325-6143
홈페이지 | www.muhan-book.co.kr
e-mail | muhanbook7@naver.com
가격 13,500원
ISBN 978-89-5601-405-0 (03590)

아이와의 힘겨루기에 지친 부모를 위한

박윤미 지음

prologue

나도 좋은 엄마가 되고 싶다

요즘 서점의 육아코너에 가보면 '엄마의 대화법'에 관한 책들이 인기다. 하지만 그 책의 마지막 장을 덮고 나면, 아이의 마음을 움직이고 행동을 변하게 한다는 책 속의 '엄마의 말'들을 기억해 내기가 어렵다. 아이를 향해 언성을 높이고 짜증을 내거나 소리를 지르고 나서야 뒤늦게 떠오른다. 책에서는 아이의 감정을 알아주고 읽어주라고 말하지만 정작 엄마들은 더 이상 '참을 수 없었다'고 말한다.

우리는 누구보다 내 아이를 사랑하고 아이가 상처받는 걸 원하지 않는다. 아이를 잘 키우기 위해 밤잠을 줄여가며 인기 있는 자녀교육서를 찾아 읽고 육아 관련 인터넷 커뮤니티에 가입해 정보를 얻는다. 하지만 결정적인 순간에 책대로 되지 않는 자신의 모습에 번번이 좌절감을 느껴 고통스러움을 호소하는 엄마들을 주변에서 쉽게 볼 수 있다. 아이에게 짜증이나 화를 내고 나서 미안함과 죄책감에 '절대 안 그래야지!' 하고 다짐하며 마음을 다잡아 보지만 다시금 반복되는 짜증과 분노 그리고 미안함과 자책으로 많은 엄마들이 괴로워하고 있다.

그렇다고 내 감정을 억누르고 아이만 잘 키우겠다는 생각으로 아이의 감정을 받아주기만 하다보면, 억울하고 우울해지면서 참았던 감정들이 한순간 폭발해 버리기도 한다. 이런 나의 마음고생을 아이들이 알아주지도 고마워하지도 않는다. "누가 그렇게 해달랬어?"라는 말로 상처주지 않는다면 그저 다행일 뿐이다.

많은 자녀교육서에서 아이의 감정을 알아차리고 공감하는 것이 중요하다고 강조하지만, 정작 엄마 자신이 그렇게 받아보거나 살아오지 못해 책대로 실천하는 것이 어렵기만 하다. 이런 엄마의 태도에 아이가 상처받고 자존감이 낮아질까봐 걱정되어 스스로를 나쁜 엄마라 자책한다.

어떻게 하면 책에서 말하는 대로 아이들을 대할 수 있는 것일까?
어떻게 하면 우리 아이의 자존감을 키워줄 수 있을까?
어떻게 하면 내가 못된 엄마, 나쁜 엄마라는 자책에서 벗어날 수 있을까?

엄마의 감정적 절제가 한계에 이르면 짜증이나 비난이라는 회초리로 아이들을 때리게 될지도 모른다. 말로 아이들을 때리고 있다면 그건 우리 또한 돌봄이 필요하다는 신호이다. 자신의 감정을 소화하는 게 먼저인 것이다.

이 책은 엄마가 되기 전 반드시 짚고 넘어가야 할 숙제에 대해 다루고 있다. 책에서 알려주는 단편적인 대화기술만 익힐 수 있는 부모교육은 자존감이 낮은 부모일수록 큰 효과를 보기 어렵다. 아이의 있는 그대로의 모습을 인정할 수 있어야 하는데 이는 엄마가 스스로를 먼저 인정하고 수용할 수 있어야 가능하다. 자신을 있는 그대로 수용하고 사랑할 줄 아는 엄마가 아이의 있는 그대로를 수용하고 사랑할 수 있다. 내가 가지지 못한 것은 다른 사람에게 줄 수 없듯이 내 안에 자신을 향한 사랑과 연민, 따뜻함이 없다면 그것을 아이에게 온전히 주는 것이 어렵다.

나는 아이들이 따뜻함과 사랑이 가득 찬 어른으로 성장하길 바란다. 무엇보다 자신을 믿고 사랑할 수 있으며, 부당한 일에는 자기 목소리를 낼 줄 아는 자존감이 강한 아이로 자라주었으면 한다. 그러려면 부모로서 자녀에게 세상을 행복하게 잘 살아가기 위해 스스로를 믿고 사랑할 수 있는 힘을 물려줄 수 있어야 한다. 이를 위해서는 엄마의 마음을 돌보는 것이 중요하다. 엄마의 마음에 여유가 있어야 아이의 감정과 욕구를 알아차리고 반응해 줄 수 있기 때문이다. 자존감이 강한 아이로 키우기 위해서는 엄마의 자존감부터 돌보고 키워야 하는 것이다.

그러고 나면 아이의 말과 행동 앞에서 내 감정을 참아내는 것이 아니라, 내 안의 감정과 욕구처럼 아이의 감정과 욕구를 존중하며 대할 수 있게 된다. 아이와 엄마의 관계는 서로 존중할 수 있을 때 더 가까워질 수 있다. 있는 그대로의 나를 인정하고 수용하며 스스로를 사랑하는 법을 배우기 위해 내면의 나를 들여다보고 내 안의 문제를 해결하고자 고군분투했던 이 책 속의 경험들이 '좋은 엄마가 되고 싶다'는 마음 하나로 애쓰고 있는 많은 엄마들에게 도움이 되기를 간절히 바란다.

— 박윤미

Contents

chapter 3
버럭맘 처방전 2: 엄마의 언어습관 체크

chapter 4
버럭맘 처방전 3: 아이의 자존감을 높이는 공감 대화법

|아이와 대화하기 10계명|

chapter 1

책대로 육아가 되지 않았던 진짜 이유

01

엄마의 역할을 즐기는 유일한 방법

이제 16개월에 접어드는 아이를 둔 혜진 씨는 아이가 밥을 잘 먹지 않는 것 때문에 많이 힘들어 했다. 정성껏 이유식을 만들어도 몇 숟가락 먹다 말거나 아예 입을 벌리지 않기 일쑤였다. 아주 어렸을 때는 모유나 분유가 주식이니 밥을 조금밖에 먹지 않는다고 해도 영양상 크게 걱정할 부분은 아니었지만, 첫돌이 지나자 우유는 주식이 아니라 간식으로 그 위상이 달라졌다. 아이가 밥을 잘 먹어야 영양소를 골고루 섭취할 수 있기에 혜진 씨의 고민이 이만저만이 아니었다. 한 숟가락이라도 더 먹이려고 급기야는 아이가 잘 먹는 과자를 밥숟가락에 하나씩 얹어 밥과 같이 먹이는 지경까지 이르렀다.

하루는 혜진 씨가 내게 푸념을 늘어놓았다.

"윤미 씨, 나 요 며칠 너무 우울해서 나를 힘들게 하려고 아이가 태어났나 하는 생각이 들었어요."

"아이 돌본다고 많이 힘들죠? 그래도 엄마를 힘들게 하려고 태어난 게 아니란 건 알잖아요."

"네……. 근데 월요일, 화요일 화가 엄청 나더라고요. 밥을 너무 안 먹으려고 해서 발바닥을 미친 듯이 두들겼어요. 안 달래줬더니 한 시간 동안 울더라고요."

잘 먹이고 싶은 엄마의 바람이 먹지 않으려는 아이 앞에서 처참하게 무너져 버렸다. 더 이상 어떻게 해야 할지 알 수 없는, 무기력함이 엄마 마음을 가득 채우고 있는 상황이었다. 엄마는 밥을 먹지 않는 아이가 걱정이 되고 그래서 속상하고 자신의 마음을 몰라주는 아이에게 화가 난다. 급기야 그 화를 아이에게 표출해 버린다.

한참을 울다 쌕쌕 숨소리를 내며 곤히 자는 아이 얼굴을 보고 있노라면 내가 엄마 자격이 없는 것 같아 나쁜 엄마라고 자책하게 된다. 아이에게 짜증과 화를 내서는 안 된다는 생각이 그녀에게는 강하게 박혀 있었다. 자녀 교육서에는 엄마의 절대적이고 무조건적인 사랑으로 아이와의 애착 형성이 중요하다고 강조하고 있기 때문이다.

30개월이 막 지난 수진 씨의 첫째 딸 서윤이는 유독 입이 짧았다. 신기하게도 과일은 아예 입에 대지도 않는다. 하지만 엄마의 마음이 어찌 그러랴. 한입 먹으라고 강요하고 협박하고 급기야 때리기까지 한다. 그러면 아이는 울면서 과일 한 조각을 입에 넣는다. 어떻게 해서든 억지로라도 먹게 하고 싶은 게 엄마 마음이다. 어린아이의 성장에 '먹는 것'이 절대적인 부분을 차지하기 때문이다.

"우리 애는 배가 불렀어!"

수진 씨는 성장기에 제대로 된 발달이 이뤄지지 못할까봐 걱정하는 마음을 아이를 향한 비난으로 표현했다. 뒤에서 훌쩍이고 있는 아이도, 억지로라도 먹여서 아이가 건강하게 컸으면 하는 엄마도 모두 안타까웠다.

"서진아, 이제 코 잘 시간이야. 우리 코 자자."

엄마는 아이를 재우려 안방에 들어가 같이 누웠지만 아이는 좀처럼 잠이 들지도 들려고도 하지 않는다. 끊임없이 일어나 방 안 여기저기를 돌아다니는가 하면, 엄마 몸을 밟고 지나다니거나 엄마 머리카락을 잡아 뜯기도 한다. 매번 아이를 다시 자리에 눕혀 "코 자자"를 반복하고 자장가를 불러보지만 소용이 없다. 분명 피곤해서 자야 할 시간인데도 아이는 통 잠잘 생각이 없는 것 같다.

자꾸 행동을 저지하자 급기야 아이가 울음을 터트린다. 울음소리에 엄마는 인내심이 한계에 이르러 이내 소리친다. "왜 잠을 안 자!" 하며 등짝을 몇 차례 때린다. 그러다 정신이 번쩍 드는지 화들짝 놀란다. 엄마는 자신의 행동에 놀라 아이를 부둥켜안고 운다.

"내가 나쁜 엄마야. 난 나쁜 년이야. 미안해. 엉엉."

아이를 부둥켜안고 같이 울었다는 서진이 엄마는 어렸을 적 정말 별 거 아니라고 생각했던 일로 부모님께 혼이 나고 맞은 일이 있어서 자신은 절대로 아이를 때리지 않겠다고 다짐했던 사람이다. 자신도 모르게 큰소리를 지르고 아이의 등짝을 때린 것이 두고두고 마음에 남아 후회되고, 또다시 자신도 모르게 아이를 때리게 되는 순간이 생길까봐 걱정된다고 했다. 자신이 억울하다고 여겼던 것만큼 아이도 그렇게 생각할까봐 염려되었던 것이다.

앞의 상황은 우리 주변에서 쉽게 접할 수 있는 엄마들의 모습이다. 우리는 '아이에게 이렇게 해주면 어떻게 된다'라는 육아방법들을 책이나 미디어에서 접하고 주변 지인들과의 교류를 통해서 많이 알고 있지만, 정작 현실에서는 직접 실천하는 것이 어렵기만 하다. 한 엄마는 책을 읽을수록 '나쁜 엄마'라는 죄책감만 심해진다며 더 이상 자녀교육서나 부모교육서를 읽지 않겠다고 했다.

많은 엄마들이 '좋은 엄마가 되어야지' 다짐하면서도 '과연 내가 좋은 엄마가 될 수 있을까?' 하는 의문이 따라다녀 괴로워한다. 나 역시 결혼을 하고 아이를 계획하면서 '내가 과연 좋은 엄마가 될 수 있을까?' 하는 의문이 들었다. 내 아이는 사랑을 많이 받고 자란 티가 나는 밝고 어디서든 환영받는 아이로 키우고 싶었다. 그래서 많은 사람들에게 사랑을 받고 또 사랑을 베풀 줄도 알았으면 좋겠다. 그런데 과연 그런 아이로 키워낼 수 있는 엄마가 될 수 있을지 자신이 없었다. 나의 성격을 비롯해 모든 것을 아이가 보고 배울 텐데, 아이가 성장하는데 좋은 영향을 줄 수 있을지 확신이 들지 않아 불안했다.

주변에 어린아이를 키우는 부모들을 보면서 '와, 저렇게 별난 애를 어찌 키울까?' 하는 생각이 들 때면, 내가 엄마로서 아이의 행동에 얼마나 '참을 수 있을까?' 하는 의문도 들었고, 또 크게 화를 내지 않을 자신도 없었다. 내가 힘들고 지쳤을 때 아이들에게 짜증을 내고, 비난을 하며 말로 아이들을 때리고 있는 모습이 상상되었다.

직장에서 겪은 스트레스로 몸과 마음이 지쳤을 때, 집에 들어와 거실 가득히 어지럽게 늘어져 있는 장난감을 보며 아이에게 이렇게 소리칠 게 뻔했다.

"집이 아주 난장판이구만. 갖고 놀았으면 제자리에 정리하라는 엄마 말 뭘로 들었어? 넌 왜 이렇게 엄마 말을 안 들어? 너 때문에 힘들어 죽겠어!"

나의 고단함에 대한 책임을 가장 소중한 존재인 아이에게 돌리며 비난할 것이다. 아이는 죄책감을 느끼며 내 눈치를 보게 될 지도 모르겠다. 엄마가 퇴근하는 시간이면 아이는 자신도 모르게 긴장하게 되어 의식적으로 장난감을 정리하게 될지도 모른다. 또는 엄마가 돌아오는 시간 즈음이 되면 심장이 콩닥콩닥하며 불안해질지도 모른다. 어린 시절 내가 그랬던 것처럼 말이다. 이렇듯 말로써 아이들을 때리고 있는 내 자신을 상상하자 아이를 키우기에 나는 자격이 부족하다는 생각이 들었다.

혹시 자신을 어떤 태도로 대하고 있는지 살펴본 적이 있는가? 우리는 가장 편안하고 안전하다고 느끼는 존재에게 자기 자신을 대하듯 상대를 대한다고 한다. 많은 사람들이 하던 일이 실패하고 좌절됐을 때 자신을 다독이고 감싸 안아주며 위로해주기보다 질책하고 비난하며 더욱더 못살게 군다. 또한 남의 눈치를 보느라 하고 싶은 것을 하지 못하고, 주변 사람들의 인정을 받아야만 자신의 존재가 가치 있다고 생각한다. 이런 사람들은 인정에 대한 욕구가 늘 채워지지 않기 때문에, 매번 다른 사람들로부터 자신의 존재를 확인받아야만 안심이 된다.

우리는 대부분 부모님이 나를 대했던 방식 그대로 자기 자신을 대한다. 그리고 자신을 대하는 방식 그대로 사랑하는 가족을 대하게 된다. 친구나 직장 동료의 실수에 대해서는 관대하면서도 자신이 하는 실수는 용납하지 못하는 사람들을 많이 보았다. 그들은 "이렇게밖에 못하다니!", "이런 바보", "난 안 돼!"라는 자기비난과 자기혐오로 스스로를 벌주곤 했다. 다른 사람에게 하지 못하는 악다구니를 자기 자신에게 퍼붓는 것이다.

나 또한 말로 수없이 나를 때리고 있는 자신을 알게 됐을 때, 불현듯 내 아이를 이런 방식으로 대할까봐 겁이 났다. 내게 너무나 익숙해서 자동적으로 행하는 방식에 내 아이가 상처받게 될까봐 두려웠다. 스스로를 대하는 이런 태도를 아이에게 대물림한다는 것은 생각만 해도 끔찍했다.

많은 아니 거의 모든 부모들이 아이를 잘 키우고 싶어 한다. 어떻게 키우는 게 잘 키우는지는 각자의 가치관에 따라 달라지겠지만 적어도 나는, 내가 나를 대하는 방식처럼 아이가 자신을 대하지 않길 바랐다.

즉, 스스로를 따뜻하게 대할 수 있는 사람으로 그리고 힘든 일을 겪었을 때 건강한 방법으로 자신을 지켜 낼 수 있는 아이로 자랄 수 있도록 도와주는 것이 부모의 역할이라고 생각한다. 우리는 엄마로서 몸과 마음이 모두 건강한 아이로 자랄 수 있도록 도와줄 수 있어야 한다.

결혼을 하고 아이를 가졌다고 부모가 될 자격이 저절로 생기는 것은 아니다. 우리는 부모가 될 준비를 해야 한다. 그 준비는 바로 엄마의 마음을 돌보는 것부터 시작해야 한다. 엄마의 마음에 여유가 있어야 아이의 감정과 욕구를 알아차리고 반응해 줄 수 있으며, 더불어 엄마의 역할을 즐길 수 있기 때문이다.

02

육아불변의 법칙

엄마가 놀이터에서 놀고 있는 아이에게 집에 가자며 불렀는데 아이가 못 들은 척 외면하는 경우가 있다. 자신이 부르는 소리를 듣고도 못 들은 척 하는 아이를 보며 엄마는 당황스럽기도 하지만, 주변의 시선도 의식이 되어 무안하기도 하고 더 나아가 아이가 자신을 무시한다는 생각이 들기까지 해서 화가 날 수도 있다.

아이의 행동 뒤에 어떤 욕구가 있을까? 아이는 아마도 더 놀고 싶었을 것이다. 지금 하는 놀이를 더 하고 싶다는 마음을 엄마의 부름을 마치 못 들은 척하는 것으로 대신한 것이다. 두세 번 더 소리를 높여 외치고 나서야 아이는 엄마가 있는 쪽을 돌아보며 "더 놀고 싶어"라고 의사를 표시하거나,

울상을 지으며 엄마를 따라나선다.

아이의 더 놀고 싶어 하는 마음. 이 한 가지만을 바라볼 수 있는 엄마의 힘은 바로 '엄마의 자존감'에서 나온다. 주변 사람들이 나를 권위 없는 부모라고 생각할지도 모른다는 두려움과 아이가 나를 무시하고 있다는 생각이 아이의 욕구를 온전히 찾는데 방해하기 때문이다.

이런 상황에서 아이의 마음을 헤아리며 깨어있을 수 있는 엄마가 몇이나 될까? 질문을 바꿔 과연 '자존감'이란 말에서 자유로울 수 있는 엄마들이 몇이나 될까? 겉으로는 당당하고 자신 있어 보이는 그리고 남부러울 것 없어 보이는 사람들에게도 자존감이란 단어는 편치만은 않을 것이다.

'어릴 적에 사랑을 많이 받고 자랐겠구나' 하는 생각이 드는, 늘 밝아 보이는 사람들에게도 어린 시절의 상처는 존재하고, 자신의 모습을 사랑하느냐는 물음에 자신 없어하는 것을 보고 나는 많이 놀랐었다. 스스로를 자존감이 낮다고 평하며, 반복되는 우울의 패턴을 경험한다는 말을 듣고 우리가 얼마나 자존감 부족이 만연한 사회에서 살고 있는지 실감했다. 겉으로 티가 나지 않는 사람일수록 감정적 소진이 심해 그에 따른 부작용인 우울한 감정을 주기적으로 느낀다는 사실은 다소 충격적이었다. 감정에 대한 부정이나 회피는 꼭 대가를 치르게 된다는 것 또한 알 수 있었다.

자존감이라는 개념이 널리 알려지면서 그것이 어떤 점에서 중요한지는 정확하게 알지 못해도, '자존감이 높은 사람이 행복한 삶을 산다'란 사실은 모두가 인정한다. 성공한 삶이 곧 행복한 삶은 아니란 것도 알고 있다. 나도 아이를 만나기 전까지는 이 문제에 대해서 진지하게 고민해 보지 못했다. 자존감이 높은 사람이 성공할 확률이 높다는 말에 그저 자존감 강화 문장을 암기하며 자존감이 높아지길 기대했던 것에 그쳤다.

자존감은 '자기 스스로에 대한 존중, 사랑 그리고 신뢰'를 말한다. 그래서 자존감이 높은 사람은 어려움이 닥쳤을 때 자신에 대한 믿음을 바탕으로 극복할 수 있는 의지의 힘을 발휘한다. 반면 자존감이 낮은 사람은 조금만 힘든 일이 있어도 자기확신이 부족하기 때문에 쉽게 좌절하거나 포기해 버린다. 그리고 인생의 중요한 문제에 대한 결정을 주변의 다른 사람 혹은 점집이나 철학관에 의지한다. 점이나 사주도 재미 삼아 보거나 참고는 할 수 있겠지만 절대적으로 의지하는 것은 문제가 된다. 자신의 문제는 자신이 제일 잘 알기에 그에 대한 해답도 스스로 구할 수 있어야 한다.

자존감이 높은 사람은 자신을 편안하게 받아들일 수 있는 사람이다. 자신이 느끼는 감정, 생각, 자신의 장점과 더불어 단점도 모두 편안하게 인정할 수 있다. 그래서 다른 사람의 말 한마디, 눈빛이나 행동에 자신의 가치를 재고 판단하지 않는다.

반대의 경우 끊임없이 다른 사람과 비교하며 자신의 가치를 재고, 이상적으로 생각하는 틀에 자신이 맞춰지지 않을 때 스스로를 비판하며 괴롭힌다. '사촌이 땅을 사면 배가 아프다'라는 말처럼 가까운 사람이 잘되면 축하하면서도 질투가 난다. 이것은 보편적인 인간의 특성일 수 있다. 하지만 자존감이 낮은 사람은 "근데 그 사람 큰 애가 아프잖아", "근데 그 사람 부모가 그렇게 욕심이 많다잖아"와 같은 말들로 상대를 끌어내리는 말들을 찾아 흠집을 내려고 애쓴다. 이렇게라도 자신과의 간격을 좁혀야 마음이 편해지기 때문이다.

아이의 있는 그대로의 모습을 인정하고 수용할 수 있는 힘은 엄마의 자존감에서 나오며, 엄마의 자존감 크기에 따라 아이를 대하는 엄마의 태도가 달라진다. 아이의 말과 행동을 엄마의 선입견이나 판단으로 추측하고 단정 지어버리는 경우는 흔하다. 그래서 아이의 감정을 읽기 전에 엄마가 감정적으로 흥분하기도 한다.

아이가 내가 하는 말을 듣지 않으면 날 무시하는 게 아닌가 하는 생각이 들어 흥분하게 되고 화가 날 때가 있다. 또 해야 하거나 하지 말아야 한다는 것을 잘 알고 있으면서 그 행동을 하지 않거나 하는 것처럼 여겨질 때도 화가 난다. '내가 하는 말을 듣지 않는다' 즉 내가 말한 대로 행동하지 않는 아이를 단정적으로 날 무시한다고 오해하는 것이다. 그럼 다음 단계는 어떤 그림이 그려지는가?

아이에게 화를 내고 아이의 잘못을 지적하고 꾸중하는 모습이 자연스럽게 그려질 것이다. 아이가 부모를 기분 나쁘게 했을 때, 부모가 마음이 상해서 감정적으로 반응하기 전에 아이의 마음을 먼저 들여다볼 수 있는 힘도 바로 자존감에서 비롯된다.

말은 "괜찮다", "좋아"라고 표현해도 행동이나 태도에서 이와 반대되는 메시지를 전한다면 아이는 혼란스러워하며 무엇이 진짜인지 헷갈리게 된다. 내가 자존감 강화 문장을 1년 동안이나 암기했지만 나 자신을 바라보는 태도는 변하지 않았듯이, 말로만 '너는 사랑스럽고 귀한 아이야'라고 말해봤자 평소 부모가 어떤 태도로 아이를 대했는지에 더 큰 영향을 받는다.

변화는 단순히 문장을 암기하거나 대화법을 익힌다고 해서 일어나지 않는다. 내가 믿고 있던 신념의 체계를 바꿀 때 일어난다. 따라서 대화법 등을 익혀 기술적인 방법으로 아이를 대하려고 하기 전에 엄마의 태도부터 살펴봐야 한다. 태도를 통해 자신의 자존감을 점검할 수 있기 때문이다.

자존감이 낮을 때 어떤 일이 벌어질 수 있는지 문제 상황을 통해 엄마의 자존감이 중요한 이유에 대해서 알아보자.

문제 1. **마음속에 자신이 만들어 놓은 이상형대로 아이를 키우려고 한다.**

이 이상형은 아이 것이 아니라 엄마 것이다. 엄마 것을 아이에게 강제로 주입함으로써 아이는 자신의 삶이 아니라 엄마의 삶을 살아야 하는 불행을 겪게 된다. 물론 대다수 부모들은 이렇게 이야기한다.

"다 너 잘되라고 하는 거야. 네 친구 ○○나 □□ 엄마라면 너한테 이렇게 안 하겠지? 네 엄마니깐 내가 너한테 이렇게 잔소리하고 야단치는 거야."

자신의 행동을 정당화하며 아이가 무조건적으로 자신의 의견에 따르도록 강요하는 것이다. 이는 부모와 아이의 관계에 전혀 도움이 되지 않는 방식이다. 누군가가 나에게 자신이 맞다고 생각하는 방식을 강요하며, 모두 내가 잘되라고 하는 일이니 아무 말 말고 그대로 하라고 한다면 기분이 어떨까? 아이라고 아무것도 모른다는 생각은 금물이다. 아이는 우리보다 더 많은 것을 알고 있는 존재다.

문제 2. 확신이 없다.

우리는 어떤 일을 할 때 잘할 수 있으리라는 확신이 필요하다. 그래야 어려운 과정도 중도에 포기하지 않고 끝까지 해낼 수 있다. 비록 실패하더라도 거기서 배울 수 있는 점이 있기에 다음번 기회에 도전하는 용기가 생기는 것이다. 하지만 자존감이 낮으면 자기확신이 부족하기 때문에 도전하는 것 자체에 어려움을 겪는다.

처음 엄마가 되면 많은 것이 서툴고 매번 새로운 도전과제와 만나게 된다. 올바른 육아 지식을 공부하는 것도 중요하지만 무엇보다 자녀 양육과 관련된 어려움이나 문제를 만났을 때 잘 해결해나갈 수 있다는 스스로에 대한 믿음이 필요하다. 요즘 엄마들은 책이나 강연 등을 통해 육아에 대한 정보와 지식은 많이 알고 있지만, 아이를 키우며 맞닥뜨리게 되는 여러 상황에 자신이 잘 대처할 수 있다는 확신을 일컫는 '양육 효능감'은 낮은 편이다.

문제 3. '다른 사람이 어찌어찌 생각할 거야' 라는 두려움에 자신이 하고 싶은 일에 주저하게 된다.

하지만 면밀히 살펴보면 그것은 다른 사람의 생각이 아니라 자신의 생각이다. 내가 자신에 대해 가지고 있던 생각을 다른 사람에게 투사한 것에 지나지 않는다.

'날 어떻게 생각할까?', '이런 말을 해도 괜찮을까?', '날 이상하게 보지 않을까?'라는 생각들 때문에 정작 자신이 하고 싶은 말이나 행동을 선택하지 못할 때가 많다. 그렇기 때문에 자신이 선택한 것에 대해 책임지기보다는 남을 탓하고 상황을 탓하곤 한다.

이것은 '우리 아이를 이상하게 생각하지 않을까?', '부모인 나를 한심하게 생각하면 어떡하지?'라는 생각과도 연결된다. 다른 사람들이 별난 아이로 보거나 가정교육 운운할까봐 아이를 다그치거나 야단치게 되는 것이다.

자존감이 낮은 부모는 주변을 의식하고 다른 사람과 비교하기 때문에 아이를 있는 그대로 보고 인정하는 것이 어렵다. 엄마가 만들어 놓은 틀에 재고 판단하며 아이를 재촉해 끼워 맞추려 애쓴다. 한마디로 아이를 믿고 기다려주는 엄마가 되기 힘들다.

부모의 자존감은 부모 세대에 머물지 않고 자녀에게 그대로 대물림 된다. 아이를 위해서 엄마가 먼저 변해야 하는 이유다. 부모부터 성숙해져야 한다.

몸은 어른이지만 감정은 아직 어린아이처럼 미성숙한 단계에 머물고 있는 사람들이 많다. 이런 경우 다른 사람들과 친밀한 관계를 맺는데 어려움을 겪는다. 아이에게도 마찬가지다. 엄마가 아이와 감정적으로 부딪치면 어른으로서의 성숙한 태도 대신 아이와 똑같은 수준에서 말을 주고받게 된다. 아이에게 본을 보여줄 수 있는 좋은 반응을 보여주기가 어렵고 아이의 감정을 알아차리고 인정해 주는 것은 더 어렵다. 오히려 엄마 자신의 감정을 아이에게 인정해달라고 목소리를 높인다.

부모로서 우리는 아이들이 안전하고 건강하게 자라길 무엇보다 바란다. 밖을 나서면 위험천만한 일들이 곳곳에 도사리고 있지만 부모가 24시간 내내 곁에서 보호해 줄 수는 없는 노릇이다. 아이는 부모 품을 떠나 학교에서 친구와 선생님과의 관계도 맺을 것이다.

다른 사람과의 관계에서 스스로를 돌보고 보호할 수 있는 힘, 즉 다른 사람이 자신에게 무례하게 대하지 못하도록 하는 힘은 높은 자존감이 바탕이 되어야 생긴다. 아이가 신체적으로나 정서적으로 건강하게 성장하길 원하는 부모라면 바로 이 자존감을 아이에게 선물할 수 있어야 한다. 이것은 돈으로 살 수도 책에서 배운다고 쉽게 얻어지는 것도 아니다. 부모가 보여줘야만 한다. 부모 자신이 스스로를 믿고 존중하는 태도를 보일 때 비로소 자녀도 자신을 믿고 존중할 수 있다.

문제아는 없다. 문제행동을 하는 아이 뒤에는 자신의 문제가 무엇인지 자각하지 못하는 부모가 있을 뿐이다. 마찬가지로 자존감이 낮은 아이 뒤에는 자신의 자존감이 낮다는 것을 인식조차 하지 못하는 부모가 있다.

스펀지가 물을 흡수하듯 아이들은 자신 주변의 모든 것을 있는 그대로 받아들인다. 이렇게 자신 주변의 말과 행동에 그대로 영향을 받아 '자기 것'으로 만드는 시기를 거치게 되는 것이다. 아이가 성장하면서 정서적 어려움을 겪지 않게 하기 위해 부모는 늘 깨어있을 수 있어야 한다. 그렇기 때문에 엄마의 자존감 회복은 꼭 필요하다.

03

자존감이 높은 아이로 키우려면 엄마의 자존감부터 키워야 한다

엄마가 되고 나서 책이나 미디어에서 여러 번 접하게 된 단어 중 하나가 바로 '애착'이었다. '엄마와의 애착 형성이 아이의 평생 행복을 결정한다'는 말이 있을 정도로 생애 초기 아이와의 안정적인 애착 형성은 중요하다. 안정적인 애착을 형성하려면 엄마가 아이의 욕구를 알아차리고 그에 반응해줄 수 있어야 한다. 또 아이의 감정을 알아주고 수용해줘야 한다. 그런 엄마로 인해 아이는 이 세상이 안전하고 믿을 수 있는 곳이라는 생각을 가질 수 있게 된다.

아이의 감정을 알아주고 수용할 수 있는 엄마, 아이의 욕구를 알아차리고 반응해줄 수 있는 엄마가 되려면 '마음에 여유'가 있어야 한다. 그리고 엄마 마음속에 묵은 감정이 없어야 아이의 감정을 아이의 감정만으로 볼 수 있다. 아이의 울음에 짜증과 신경질로 반응하지 않으려면 감정적으로 성숙해야 아이의 감정을 알아주고 울음 뒤에 감춰진 아이의 욕구를 읽고 반응해줄 수 있는 것이다.

나 역시 아동발달 학자들이 공통적으로 가장 중요한 시기라고 주장하는 생애 첫 36개월 동안은 아이에게 무조건적인 사랑을 주고 싶었다. 아이가 엄마와 건강한 애착관계를 형성해 자신에 대한 신뢰감을 키울 수 있길 바랐다. 그래서 다른 사람에게 인정을 구하지 않아도 스스로 자신을 인정할 수 있는 아이, 즉 다른 사람들을 기쁘게 하기 위해 뭔가를 하지 않더라도 스스로 가치 있고 사랑스러운 아이라는 생각을 가진 어른으로 성장하도록 돕고 싶었다.

아이의 운명이 내 손에 달려 있다니!!! '내가 어떻게 아이를 돌보는지에 따라 아이의 인생이 좌우된다'는 말들은 내게 육아서를 읽는 것 이상의 다른 것들이 필요함을 깨닫게 해주었다.

자기계발서처럼 읽는 동안은 동기부여로 가슴 가득히 I can do it 을 외치다가 시간이 지나면 희미해지는 그런 것 말고, 죽을 뻔한 위기에서 살아나 남은 생을 감사한 마음으로 살게 된 사람들의 이야기처럼 내겐 극적인 변화가 필요했다. 그건 내 마음속 깊게 박혀 있는 생각들의 뿌리를 흔들고 뽑아내야만 가능한 일 같았다.

하지만 자기부정이 강한 엄마가 아이의 있는 그대로의 모습을 수용할 수 있을지에 자신이 없었다. 내가 정한 기준에 도달하지 못했을 때 스스로를 다그치고 윽박지르듯이, 내가 정하고 만들어 놓은 틀 안에서 아이를 바라보고 그 틀에서 벗어날 때마다 초조함과 불안감에 아이를 비난하고 다그칠까봐 걱정이 되었다. 무언가를 해야만 했다. 달라져야만 한다는 생각이 강하게 들었다. 아이를 잘 키우기 위해서 나는 달라져야 했다. 변해야만 했다.

그 변화라는 게 지금 내 모습을 인정해야지만 가능하다는 것이 아이러니 했지만, 나는 뭐라도 해야 했고 지푸라기라도 잡는 심정으로 있는 그대로의 나를 수용하고 사랑하기로 '결심'했다. 사랑을 받아 보아야만 사랑하는 법을 배울 수 있기 때문이다.

그러나 자기수용과 자기사랑은 말처럼 쉽지도 또 의지만으로 되는 것도 아니었다. '지금 이 순간에 현존하며 자신을 있는 그대로 받아들이라'는 이제는 평범하기 그지없는 이 메시지를 도무지 어떤 방식으로 실천해야 하는지 감조차 오지 않았고 눈에 보이지 않는 허상을 쫓고 있는 느낌이었다.

그래서 나는 나에 대한 이해가 매우 중요해졌다. 나에 대해 잘 알아야만 변화하고 성장할 수 있을 것이라 믿었다. 또한 자존감 회복을 위해 나의 참모습을 마주하기 위해서는 무엇보다 그것을 바로 볼 수 있는 용기가 필요했다. 애써 외면하고 있던 자신을 더 자세히 들여다봐야 했기에.

chapter 2

버럭맘 처방전 1: 나를 알고 나면 육아가 쉬워진다

Step 1

아이보다 먼저 알아야 할 것은 엄마 자신이다

요즘 엄마들은 육아에 대해서 공부를 참 많이 한다. 아이를 낳는다고 부모자격이 저절로 생기는 것은 아니기에 좋은 부모역할에 대해서 공부하고 배우는 모습은 적극 권장하고 또 환영하는 바이다. 하지만 안타깝게도 엄마의 역할뿐만 아니라 아이에 대해 모든 걸 알려고 하면서도 정작 엄마 자신에 대해서는 알려고 하지 않는다. 아이보다 먼저 알아야 할 것은 엄마 자신인데 말이다.

엄마가 중요하게 여기는 삶의 가치와 자신의 성장과정은 아이를 돌보는 양육 태도에 고스란히 반영된다. 엄마가 깔끔함을 중요시 여긴다면 아이가 어지르는 것을 용납하기가 좀 더 어려울 것이고, 스케줄에 따라 움직이고, 예측 가능한 것이 중요한 엄마라면 일정에서 벗어나게 되는 상황에서 스트레스를 받을 것이다. 그리고 엄마가 어렸을 때 감정표현을 자유롭게 수용받은 경험이 없다면 엄마 또한 아이의 감정을 그대로 수용하기가 어려울 것이다.

마찬가지로 자존감이 낮은 엄마는 아이를 있는 그대로의 모습으로 인정하기가 어려워 아이에게 이런저런 요구를 하게 된다. 우리는 자신을 알고 아이를 살피는 엄마가 되어야 한다. 그렇다면 다음 질문에 대한 답을 곰곰이 생각해보자.

우리는 자신을 얼마나 사랑하고 있을까? 사랑하는 우리 아이를 생각하고 대하는 만큼 자신을 아끼고 있는가? 아이가 나의 태도와 성향을 쏙 빼다 닮았으면 좋겠다고 자신 있게 말할 수 있는가?

자존감의 수준은 현재 자신의 모습과 자신이 마음속으로 그리고 있는 이상적 자아를 비교하면 알 수 있다. 이 사이의 격차가 클수록 자존감은 낮아진다. 현재 있는 그대로의 자신을 인정하지 못하고 너무 높은 기대치를 세워두었다면 거기에 따른 실망도 큰 법이다. 그래서 완벽주의자들은 자신이 계획한 대로 일이 진행되지 않거나 실수를 하게 될 때 자기비난과 자기비하가 심해진다.

다음 테스트를 통해 지금 자신의 자존감이 어느 정도 수준에 있는지 알아봄으로써 자신을 얼마나 사랑하고 있는지 가늠해보도록 하자.

엄마를 위한 자존감 테스트 – 조세핀 킴의 《우리 아이 자존감의 비밀》 中
나는 스스로를 현재보다 더 나은 상태로 발전시키는데 어려움을 느낀다.
나는 어떤 이벤트에 초대받았을 때 내 모습이 마음에 들지 않아 거절한 적이 있다.
나는 나 자신보다 남의 생각에 좌우되는 편이다.
나는 다른 사람들에게 관대한 반면 나 자신에게는 엄격하다.
나와 관련된 어떤 일이 잘못되어가고 있으면 모든 게 '내 탓'인 것만 같다.
나는 어떤 일에 실망했을 때 다른 사람들과 내가 처한 환경을 탓한다.
나는 부정적인 생각으로 하루를 시작하는 편이다.
내 결점이 드러나는 것에 상당한 두려움을 갖고 있다.
내 안에는 나 자신을 못마땅하게 여기는 자아비판자가 있다.
내가 갖고 있는 훌륭한 재능을 그저 평범한 것이라 여긴다.
나는 외로움을 자주 느낀다.
나는 평소 열등감으로 인해 많이 괴로워하는 편이다.
나는 내 의견보다 다른 사람의 의견에 의존하는 경향이 있다.
나는 어떤 일을 할 때 '다른 사람들이 어떻게 생각할까?'라는 문제로 주저하는 편이다.

이 글을 읽고 너무 맥 빠져 우울해 할 필요는 없다. 내가 상담한 엄마들에게 자존감 테스트를 소개해본 결과, 어느 누구도 결과에 만족스러워하지 못했기 때문이다.

이제 자존감의 손상에 큰 영향을 미친 어린 시절의 경험을 되짚어 보며 자신의 마음을 아프게 했던 것들을 살펴보고 어루만져 보고자 한다.

누군가는 지나가 버린 과거의 기억을 들춰낸다고 달라지는 것이 무엇이냐며 궁금해할지도 모르겠다. 이미 지나가 버린 과거는 바꿀 수 없으니까 말이다.

하지만 슬프게도 아이 때 경험한 부모의 행동과 말이 지금까지도 여전히 우리 자신에게 영향을 미치고 있다. 우리는 어른이 되었고 부모의 그늘을 벗어났음에도 불구하고, 옛날 부모가 했던 말을 자신에게 반복하고 부모가 보던 대로 자신을 보고 있다. 이렇게 상처 입은 어린아이를 품고서 살아가다 보면 무의식 속에 잊고 있던 그 상처가 육아에서뿐만 아니라 모든 인간관계에 영향을 미치게 된다.

그래서 이번 장에서는 상처 입은 어린 자아를 어떻게 돌볼 것인지 그 방법에 대한 경험을 공유하고자 한다. 한때 SNS에서 '육아(育兒)는 육아(育我)다'라는 말이 주목받았던 적이 있다. 아이를 키우며 나를 키운다는 말처럼, 아이를 돌보며 자신을 돌보는 시간이 될 수 있기를 간절히 바란다.

어떤 부모도 아이가 원하는 만큼의 충분한 돌봄과 사랑을 줄 수는 없다. 우리가 원하거나 필요한 것들을 충분히 만족시켜 줄 수 있는 사람은 이 세상에 없기 때문에 스스로를 돌보고 사랑하는 방법을 배워야 한다.

부모가 자녀에게 줄 수 있는 최고의 선물은 '자신을 믿고 사랑할 수 있는 자존감의 뿌리가 튼튼하게 자리 잡을 수 있도록 도와주는 것'이다. 그러기 위해서는 먼저 우리 안의 상처받은 어린아이를 양육하는 방법을 배워야 한다. 사랑을 받아 보아야만 사랑을 줄 수 있기 때문이다.

Step 2

누구나 어린 시절의 상처가 있다

이 세상에 완벽한 부모는 없다. 좋은 부모가 되려고 노력하고 애쓰는 부모는 있지만 말이다. 그렇기 때문에 누구나 부모로부터 받은 상처의 경험이 있다. 또한 누구에게나 다른 사람과 편히 나누지 못한 채, 마음속에 꽁꽁 싸매어 둔 자신만의 상처와 슬픔이 있다.

별거 아닌 일로 혼이 난 경험이 아직까지 마음속에 남아 있는 것처럼, 부모님은 기억하지 못할 말이나 행동에 대한 기억 한두 조각쯤을 가슴속에 품고 사는 사람들이 많다. 성인이 되어 돌아보면 정말 아무것도 아닌 것 같이 생각되는 일이지만, 당시 마음의 힘이 약했던 어린아이 입장에서는 큰 충격으로 받아들여졌기 때문이다.

가족상담치료 분야의 대가인 존 브래드쇼는 화가 나거나 상처받았을 때의 감정들을 아이가 털어버리지 못하고 그대로 가진 채 성인이 되면, 어른이 된 후에 비슷한 감정을 불러일으키는 상황에 처하게 됐을 때 화나고 분한 감정이 올라와 성숙한 행동을 선택하는데 방해를 받게 된다고 했다.

아이를 키우다가 어린 시절 상처받은 장면이 연상되는 상황에 직면하게 되었을 때 표면적으로 의식하지는 못하겠지만, 그때 해결되지 않은 슬픔에 대한 감정풀이를 아이에게 할 수 있다. 그렇기 때문에 자신이 어떤 성장 환경 속에서 자라왔는지 돌아보는 것이 중요하다.

나는 어렸을 때 떼쓰며 울고불고한 기억이 없다. 갖고 싶은 것을 사달라며 요청한 적도 거의 없었다. 집에서 그런 행동이 허용되는 분위기가 아니었기 때문이다. 이런 내가 아이가 떼쓰고 울 때 과연 그 아이의 마음을 알아주고 다독여 줄 수 있을지 의문이었다. 떼쓰면 나쁜 아이라며 아이를 다그치거나 그만하라며 소리를 빽 지를지도 모른다.

내가 경험해보지 못한 것, 충족해보지 못한 것을 아이에게 온전히 줄 수 있을까 하는 의문으로 가득했기 때문에 '아이를 잘 키울 수 있을까?' 하는 막연한 불안감과 두려움이 있었다.

부모의 마음속에 어린 시절 꼭 필요했던 욕구를 충족하지 못해 상처받았던 경험이 있다면, 아이의 욕구를 알아차리고 이를 충족시켜 주기 힘들 것이다. 자신 안에 해결되지 않은 슬픔 때문이다.

내가 아주 오랫동안 변하고 싶어 매달렸던 것이 하나 있다. 바로 남들 앞에서 당당하게 내 의견을 잘 전달하는 것이다. 나는 많은 사람들 앞에서 프레젠테이션을 잘해내는 사람들이 무척이나 부러웠다. 학교 다닐 때는 선생님이 시키지 않아도 직접 손을 들고 의견을 발표하거나 앞에 나가 자기 이야기를 스스럼없이 해내는 아이들이 그렇게 부러울 수가 없었다.

초등학교 2학년이 된 첫날, 선생님은 반 아이들에게 한 명씩 자리에서 일어나 자기소개를 하도록 했다. 당시 수줍음이 매우 많았던 나는 내 차례가 되어 자리에서 일어섰지만 제대로 된 말 한마디 하지 못하고 엉거주춤 서 있다가 그대로 자리에 앉았다.

며칠 후 학교 어머니회에서 활동하셨던 엄마가 학교에 왔다가 선생님과 인사를 나누게 되었다. 선생님은 엄마에게 첫날 자기소개 시간에 내가 한마디도 하지 못하기에 벙어리인 줄 알았다고 얘기했다. 엄마는 집으로 돌아와 선생님께 들은 이야기를 나에게 전하며 '내가 그런 소리나 듣고 부끄러워 죽겠다!'며 역정을 내셨다.

나는 그때 고작 9살이었다. 두렵고 겁났던 나를 토닥여 주는 사람이 아무도 없었다. 그 뒤로 나는 발표에 대해 자신이 없으면서도 동시에 발표를 잘하는 사람이 되고 싶어 안달이 나 있었다. 엄마나 선생님 그리고 친구들에게도 나의 고민을 털어 놓지 못하고 그저 혼자 끙끙 앓았다.

사회생활을 시작하면서 웅변학원도 다니고, 자신감 회복에 관한 워크숍도 참여하며 발표에 대해 갖고 있던 부담감이나 압박감으로부터 자유로워지고자 많은 비용과 시간을 투자했다. 그 노력 덕분으로 지금은 한결 가벼워졌지만 아직 완전히 자유로워지지는 못했다. 아마 현재 갖고 있는 발표에 대한 이 정도의 두려움은 보편적인 인간의 특성이지 않을까 싶다.

이렇게 나는 나의 부족한 부분을 들춰보고 그 결점과 결핍이 일어났던 어린 시절로 돌아가 보는 작업을 했다. 현재에서 과거로 오가며 나를 살펴보는 일들을 계속했다.

1남 3녀 중 맏이이고 바로 아래 동생과 연년생인 나는 어렸을 때 충분한 돌봄을 받지 못했을 것이라는 신념에 대한 증거들을 모으기 시작했다. 먼저 연년생 동생이 있다는 것 자체가 그 신념을 강화시켜 주었다. 내가 갓난쟁이 아이를 키워 보니 힘에 부쳐 마음의 여유를 내기가 쉽지 않았다. 이 상황에 배까지 불러 몸이 무겁다면 얼마나 힘이 들었을까? 그만큼 나는 제대로 된 돌봄을 받지 못했을 것이었다.

두 번째 이유 역시 아이를 키우면서 느낄 수 있었다. 아이가 얼마나 자신만을 바라봐 주기를 원하는지, 자기만 보고 있다 잠깐 한눈을 팔아도 그것을 금방 알아차리는지. 나는 3명의 동생들과 함께 컸다. 4명의 아이를 키우며 아이들에게 골고루 그리고 충분히 관심과 애정을 표현하고 돌보는 것이 얼마나 힘들었을까. 그러고 보면 이것 말고는 다른 것은 없었다. 이게 제일 큰 이유들이었다. 이것을 중심으로 나는 많은 신념들을 파생시켜 냈다.

어린 시절의 상처와 마주하는 것은 극도의 우울함을 동반하는 고통스런 시간들이었지만 그래도 그 시간들 덕분에 내가 모르던 나와 만날 수 있었고, 의식하지 못한 채 습관적으로 행했던 태도와 행동 방식을 발견할 수 있었다.

나에게는 다른 사람에게 화가 났을 때 취하는 특이는 태도가 있었다. 상대에게 내 마음을 제대로 표현하지 않고 단지 그것을 암시하는 신호만 보내는 것이다. 그리고선 내가 원하는 것을 알아차리지 못한다고 상대방에게 죄책감을 가지도록 벌을 주면서 실은 스스로를 벌주고 있는 나를 발견했다.

이는 어린 시절 내가 부모님께 화를 내는 방식이었다. 초등학교 때 자전거를 사주기로 엄마가 약속했었는데 위험하다는 이유로 자전거를 사주지 않으셨다. 나는 약속이 지켜지지 않는 것에 대해 너무 억울하고 화가 났지만 그것을 말로 표현하는 법을 배우지 못했다. 그래서 일주일간 단식투쟁을 했다. 엄마와 마주치지 않으려고 아침 일찍 학교에 가버리는가 하면, 밖에서 저녁까지 먹고 집에 들어와 집에서는 단 한 끼의 식사도 하지 않고 내 방에 틀어박혀 있었다.

내가 밥을 먹지 않음으로써 엄마가 걱정하도록 하고 그러면서 엄마 스스로 자신의 잘못에 대해 반성하고 죄책감을 가지도록 유도했던 것이다. 나만의 방식으로 엄마에게 벌을 준 것이다. 어린 시절 부모님께 화를 내는 것은 매우 나쁜 것이라 배웠기에 내가 터득한 방식으로 상대가 죄책감을 느끼도록 했다.

이처럼 다른 사람에게 화가 났을 때 직접적으로 표현을 하기보다는 자신만의 '소심한 복수'를 선택하는 경우가 많았는데, 만약 아이에게도 같은 방식으로 표현한다면 큰일이었다. 이는 관계가 단절되는 좋지 못한 방식이 분명하기 때문이다. 아이에게 그런 식으로 내가 화가 났다는 것을 표현하기보다는 감정의 본을 보일 수 있는 부모가 되고 싶었다. 아이가 살아가면서 맞닥뜨리는 여러 갈등 상황에서 제대로 자신의 감정과 의사를 표현할 줄 아는 사람이 될 수 있도록 롤모델이 되어주고 싶었다.

어린 시절의 고통스런 경험들을 마주하며 찾아낸 나에 대한 이해는 그동안 몰랐던 나를 너무나 많이 알게 해주었다. 이런 내가 존재하는지도 모른 채 살아왔다는 게 놀라울 뿐이었다. 이렇게 30여 년 살아온 내 삶을 되돌아보는 시간을 나는 아이를 만나고 나서야 제대로 가지게 된 것이다. 내가 왜 이런 것인지 분석하고 이해해야만 변화할 수 있을 것이라는 믿음 때문이었다.

내가 찾은 경험들을 글로 쓰기 시작하면서 그동안 말로 표현하지 못하고 내 안에 감춰놓고 있었던 상처받은 기억과 부정적인 감정들을 함께 토해낼 수 있었다. 마음속에 모호하게 떠돌던 감정과 생각들을 글로 적으면서 지나간 과거에 대한 묵은 감정을 정리할 수 있었다.

글쓰기에는 치유의 힘이 있다. 글을 통해 자신 안에 막혀 있던 부정적인 감정을 쏟아내면 한결 편안해진다. 글을 쓰면서 표현하는 것만으로도 치유가 진행되는 것이다.

우리는 어린 시절을 돌아보는 용기가 필요하다. 아동발달심리학자들이 생애 초기 경험이 중요하다고 강조하는 이유는 바로, 어린 시절의 경험이 성장하면서 성인의 삶에 영향을 미치기 때문이다. 그렇기 때문에 우리는 어린 시절을 돌아보고 해결되지 않은 슬픔이 있다면 충분히 애도하고 다독이며 지금이라도 우리 안의 작은 아이를 위로해 줄 수 있어야 한다.

마지막으로 이렇게 어린 시절의 상처를 헤집으며 고통스런 기억을 꺼내는 것은 결코 부모를 탓하기 위해서가 아님을 말하고 싶다. 문제를 알아야 그 문제를 해결할 수 있기 때문이다. 부모가 아이를 키우는 양육태도는 세대에 걸쳐 대물림 되는데, 내가 이 문제가 되는 대물림의 사슬을 인식해야 끊어낼 수 있다.

나는 아이에게 내가 겪었던 상처받은 경험을 결코 대물림하고 싶지 않았다. 이런 결론에 다다르기까지 아마 충분한 원망의 시간이 필요할지도 모른다. 나도 오랫동안 원망을 하고 나서야 부모님을 이해하고 받아들이게 됐음을 고백한다.

MeStory를 적어 볼까요?

기억나는 어린 시절의 상처받은 사건들을 적어보세요. 처음에는 잘 기억이 나지 도 않을 뿐더러 글로 적는 것이 어려울 거예요. 현재 나의 태도와 연관해 어린 시절의 상처받은 경험을 떠올려 적어 보세요. 글쓰기에는 치유의 힘이 있습니다. 글을 통해 부정적인 감정들을 쏟아내고 나면 마음이 한결 편안해질 겁니다.

1. 7세 이전 유아기

무슨 일이 있었나요?

그때 나의 몸과 마음의 느낌을 적어 보세요.

그때 내가 믿게 된 신념은 무엇인가요?

2. 8~10세 초등학교 저학년

무슨 일이 있었나요?

그때 나의 몸과 마음의 느낌을 적어 보세요.

그때 내가 믿게 된 신념은 무엇인가요?

3. 11~13세 초등학교 고학년

무슨 일이 있었나요?

그때 나의 몸과 마음의 느낌을 적어보세요.

그때 내가 믿게 된 신념은 무엇인가요?

내 안의 작은 아이를 발견하셨나요? 그 아이는 어떤 모습인가요?
꼭 끌어안고 토닥토닥해 주세요.

Step 3

양육태도의 대물림, 가족규칙을 아는 것이 중요하다

'가족규칙'이라고 하면 부모와 아이가 둘러앉아 가족 구성원이 공동으로 추구하는 가치를 찾고 그것을 실현하기 위한 방법과 규칙을 만드는 장면이 떠오를지도 모르겠다. 내가 여기서 말하고자 하는 것은 그런 이상적인 가족규칙이 아니라, 지금 현재 우리가 갖고 있는 태도를 만들게 된 자신의 부모님이 만들었던 무언의 규칙들을 찾아보자는 것이다. 드러내놓고 이러저러 해야 한다는 규칙은 없었지만 우리는 그것을 눈치와 분위기로 배울 수 있었다. 양육태도는 대를 이어 대물림 되기 때문에 가족규칙을 아는 것이 중요하다.

내가 찾은 어린 시절의 우리 집안 규칙들은 다음과 같다.

첫째, 우는 것이 허용되지 않았다.

'질질 짜는' 행동은 부모님의 신경을 거슬리게 해 짜증이 나도록 만드는 나쁜 행동이었다. 그리고 '나약하고 부끄러운' 행동이었다. 그래서 나는 다른 사람 앞에서는 절대 울어서는 안 된다는 신념이 있었다. 슬프고 아파도 아무렇지도 않은 척, 괜찮은 척하는 지금의 내가 있는 이유가 거기에 있었다. 내 아이는 내 앞에서 마음껏 울 수 있는 감정적 자유를 경험할 수 있도록 지원해 주고 싶었다.

둘째, 감정표현을 하지 않았다.

우리 부모님을 생각해보면, 버럭 화를 내는 모습 외에는 특별한 감정표현을 한 기억이 나지 않는다. 내가 좋은 성적을 받아와도 크게 기뻐하며 칭찬해준 기억이 없다.

부모는 자녀들에게 감정의 본을 보일 수 있어야 한다. 기쁠 때는 한껏 기뻐하고, 슬플 때는 애도하는 방법을 그리고 화가 날 때는 적절히 표출하는 방법을 아이가 보고 배울 수 있어야 한다.

셋째, 사랑한다고 말하지 않아도 부모님이 우리를 사랑한다는 것을 알고 있어야 했다.

부모님은 머리를 쓰다듬거나 포옹 등의 스킨십이나 '사랑한다'라는 애정표현을 한 적이 없다. 학창 시절 내가 잘한 일에 대해서도 칭찬을 받은 기억이 없다. 하지만 우리는 그런 표현이 없어도 부모님이 우리를 사랑하고 있다는 것을 알고 있어야 했다.

그래서 여태껏 나는 인정에 대한 욕구가 강했다. 다른 사람들에게 인정받고 칭찬받고 싶어 한다. 칭찬에 대한 굶주림이 있다. 하지만 막상 칭찬을 받으면 불편하고 어색하다. 칭찬을 받으면 어쩔 줄 몰라 하거나 부정해버렸다. 축하받고 싶은 일이 있어도 잘난 척한다고 오해받을까 걱정되어 말하지 못했다.

넷째, 아버지의 의견에 반하는 것은 아버지를 사랑하지 않는다는 뜻이었다.

자신의 의견을 피력할 때는 유난히 목소리가 커지고 강한 어조로 말씀하셨던 아버지는 우리가 다른 의견을 내면 묵살해버리곤 했다. 자상한 아버지처럼 "이번 크리스마스 때 갖고 싶은 게 뭐야?"라고 물으면서도 내가 "인형"이라고 이야기하자 "그런 쓸데없는 거 말고"라고 하시며 다른 것을 사다주셨다. 그래서 나는 학창 시절 내내 무엇이 필요해 이야기를 해야 할 때도 아버지의 입장에서 어떻게 받아들일까를 염려하곤 했다.

다섯째, 완벽주의를 추구했다.

물건은 늘 제자리에 있어야 했고 전등불은 사용 후 꼭 소등해야만 했다. 아버지는 어떤 물건을 쓰고자 할 때 제자리에 없으면 불같이 화를 냈다. 내가 생각하기에는 어쩌다 한 번 있는 일이었지만 아버지에게는 늘 어떤 물건을 찾을 때마다 제자리에 없는 일이 반복되었다. 아이들에게 실수를 허용하지 않았고, 실수에 대해 날카롭게 비난했다.

이런 규칙들은 자신도 모르는 사이 내면으로 스며들어 몸과 마음의 습관으로 굳어지기 때문에 가정 내에 어떤 규칙이 있었는지 알아내는 것이 중요하다. 자신의 가족이 어떤 규칙들을 사용했는지 그 규칙들로부터 우리가 어떤 영향을 받았는지를 찾을 수 있어야 한다.

가족상담치료 분야의 대가 존 브래드쇼는 《가족》에서 "우리가 우리의 가족사를 모른다면 똑같은 가족사를 그대로 반복할 수밖에 없다"라고 했다. 우리가 자신의 아버지처럼 혹은 어머니처럼 살지 않을 거야, 하고 결심하지만 결국 자신이 그토록 싫어하던 부모님의 행동들을 반복하게 되는 이유이기도 하다. 하지만 문제를 인식하고 알아내면 바꿀 수 있다.

우리는 이런 양육태도가 해롭다는 것을 알게 되었고 어떤 영향을 미치는지도 알게 되었다. 이런 방식을 그대로 유지할지 아니면 다르게 행동할지는 이제 우리의 선택에 달린 것이다. 무의식중에 부모로부터 학습된 태도 중 어떤 것을 취하고 버릴지 선택하는 건 우리의 몫이다. 이제 우리 가족의 가족규칙을 새롭게 만들 수 있는 전환점을 만들 수 있어야 한다.

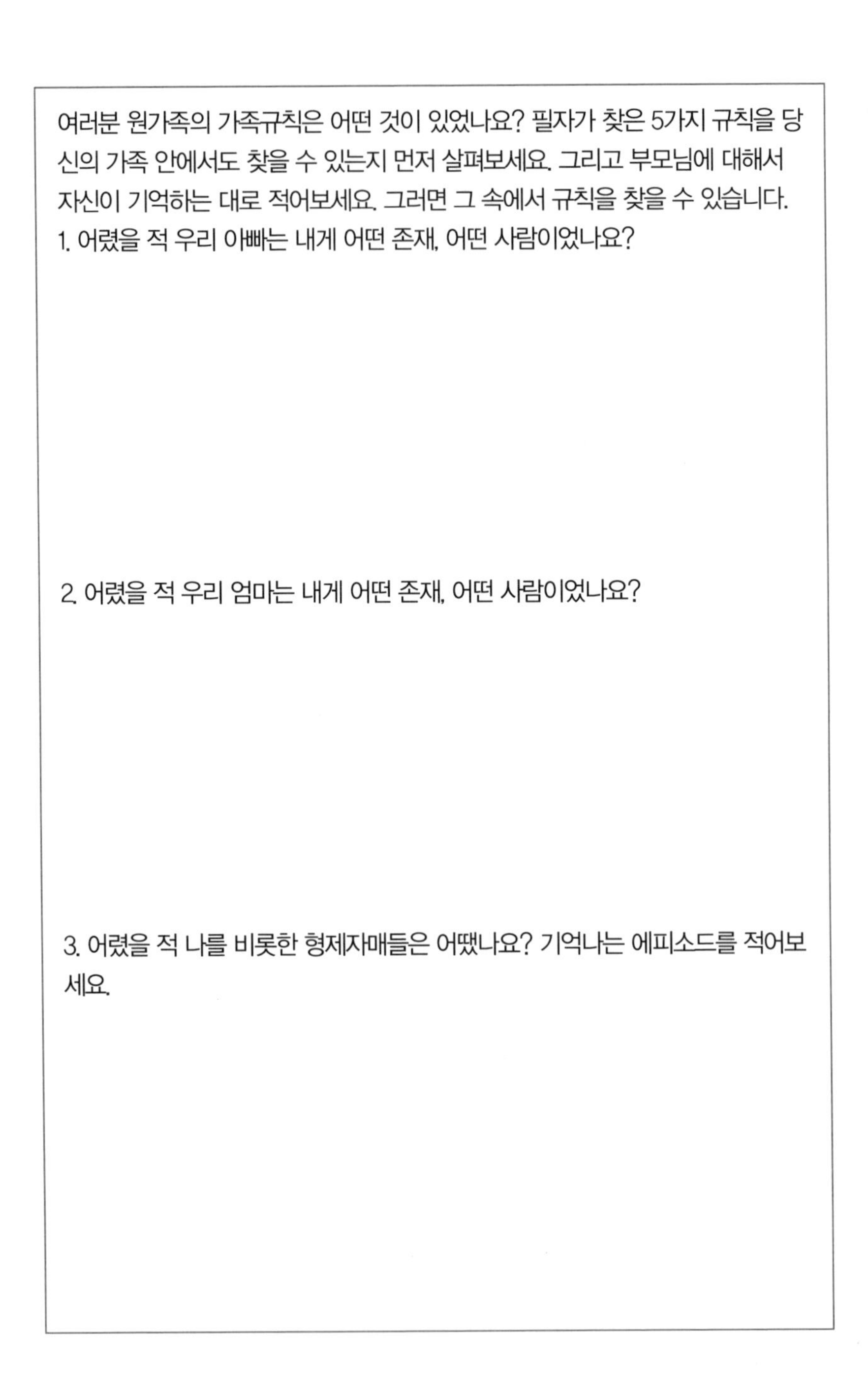

여러분 원가족의 가족규칙은 어떤 것이 있었나요? 필자가 찾은 5가지 규칙을 당신의 가족 안에서도 찾을 수 있는지 먼저 살펴보세요. 그리고 부모님에 대해서 자신이 기억하는 대로 적어보세요. 그러면 그 속에서 규칙을 찾을 수 있습니다.

1. 어렸을 적 우리 아빠는 내게 어떤 존재, 어떤 사람이었나요?

2. 어렸을 적 우리 엄마는 내게 어떤 존재, 어떤 사람이었나요?

3. 어렸을 적 나를 비롯한 형제자매들은 어땠나요? 기억나는 에피소드를 적어보세요.

Step 4

비난편지 쓰기로 묵은 감정 털어내기

아이를 낳기 전에는 그다지 크게 어린 시절에 대한 불만이나 서운함에 대해서 인식하지 못하다가 엄마가 되고 나서 부모에 대한 원망과 서운함을 털어놓는 사람들이 많다. 엄마의 역할에 대해 여기저기서 듣는 게 많고 그것을 자신의 어린 시절과 비교하면서 무의식 속에 감춰져 있었던 섭섭함이 올라오는 것이다.

나 또한 읽었던 책이나 읽고 있었던 책에서 부모와 자녀관계에 대한 글을 떠올리거나 발견하게 되면 엄마를 원망하곤 했다. 부모의 역할에 대해 진지하게 생각하게 되면서 어렸을 때 부모님으로부터 받지 못한 것에 대한 아쉬움이 점점 원망으로 바뀌었다.

책에서 '아이들이 이렇게 되기 위해선 엄마들이 이렇게 해주어야 한다'라는 문장들을 접할 때마다 나의 어린 시절을 들추어내 비교했다. 엄마로부터 제대로 된 돌봄과 사랑을 받지 못했기 때문에 지금의 형편없는 내가 있고, 또 그렇기 때문에 나 또한 아이를 제대로 키울 수 없을 것이라는 불안감과 걱정에 대한 책임을 모두 엄마에게 돌렸다. 내가 아이를 사랑으로 키울 수 없다면, 그건 분명 부모로부터 그렇게 받지 못했기 때문이라고 생각했다.

'그 시대적 환경적 상황을 무시하고 단편적인 모습만 보고 판단해서는 안 되지. 그래, 그래.'

이렇게 나를 위로해 보지만 한 번 생긴 원망은 내가 독서하는 시간에 비례해서 눈덩이처럼 커져만 갔다. 머리로는 이해하지만 가슴에서 탁 걸려 내려가지 않아 답답해하고 있을 때 친한 언니에게 이런 나의 고민을 털어놓은 적이 있다.

"언니, 나 요새 책 읽다 보면 자꾸 울컥해. 난 책에 쓰인 것처럼 충분한 돌봄과 사랑을 받지 못한 것 같아서……."

목소리가 살며시 떨려 말끝이 흐려졌다.

"그래, 나도 그랬어. 난 그걸 엄마한테 털어놓은 적이 있어. 나한테 다른 친구들이 받았던 당연한 지원을 왜 안 해줬냐고. 엄마는 내가 그걸 원했는지 몰랐다고 하더라구. 그때 엄마랑 둘이 엉엉 울었지."

이렇게 말하는 언니의 눈가에 눈물이 그렁그렁 맺혔다. 비단 내 문제만

이 아니라는 사실에 안심이 되고 위로가 되었다. 하지만 엄마한테 나의 이런 마음을 털어놓고 싶진 않았다. 지나간 시절에 대한 되새김으로 이미 많이 늙어버린 엄마에게 상처를 주고 싶지 않았다. 나는 내 안에 쌓이는 원망들을 스스로 해결해보고 싶기도 했지만, 무엇보다 부모님께 내 마음을 털어놓을 용기가 부족했다.

아빠보다 특히 엄마에 대한 원망이 컸다. 경제활동으로 바빴던 아빠보다 훨씬 많은 시간을 함께 보냈던 엄마였기에 비난의 표적이 되었다. 엄마와 만나 함께 시간을 보낼 때는 엄마가 나를 사랑하지 않는다는 생각이 들지 않았지만, 엄마를 만나지 않은 날은 지난날 엄마가 나를 충분히 사랑하고 돌봐주지 않았다는 원망들이 자꾸만 쌓여갔다.

나보다 10년쯤 인생을 더 산 선배에게 이 부분에 대한 고민을 털어 놓았다. 그분도 내 말에 공감하며 자신도 엄마가 한창 미울 때가 있었다고 했다. 하지만 지금 늙고 힘없는 모습을 보았을 때 그 원망을 꺼내 보이면 슬퍼할 엄마를 생각하니 그것 또한 겁이 났다고 했다.

나도 마찬가지였다. 그래서 그분은 엄마에게 편지를 썼다고 했다. 엄마에 대한 모든 원망을 담아낸 한마디로 〈비난편지〉를 썼다. 왜 그때 나한테 그렇게 했는지, 당신이 너무 원망스러웠다고! 그렇게 종이 위에다 묵은 감정을 다 털어내고 나서 그 편지를 엄마에게 부치지 않고 그 자리에서 찢어 없앴다고 했다.

좋은 방법이라 생각하고 나도 곧바로 시도해 봤다. 엄마에 대한 비난편지를 몇 장이고 금방 써내려 갈 수 있을 것이라는 예상과는 달리 나는 엄마에 대한 걱정과 염려로 가득 찬 편지를 쓰며 울고 있었다. 두 장 빼곡히 쓴 편지는 엄마의 정수리가 훤해지는 머리를 볼 때마다 마음이 아프다는 말로 시작해서 건강하게 오래오래 살아달라는 마지막 끝맺음까지 엄마에 대한 나의 숨은 애정을 담아내고 있었다.

엄마에 대한 비난편지 쓰기는 이렇게 실패로 끝이 났다. 하지만 엄마를 원망하는 마음 뒤에 엄마를 걱정하고 사랑하는 마음이 있음을 확인하게 되는 계기가 되었다. 과거에 매여 원망하는 마음과 그리고 현재 사랑받고 있음을 알고 있는 마음이 뒤섞여 있는 걸 발견한 것이다. 하지만 마음속 미움의 크기는 그대로였다. 시간이 지나도 여전히 같은 자리를 맴돌고 있었다.

존 브래드쇼는 《가족》에서 부모에 대해 '가해자이자 희생양이다'라고 말했다. 부모가 자식을 키우는 방식은 그들 또한 그들의 부모에게 키워진 방식, 보고 배운 방식을 그대로 행했던 것이다. 그래서 그들은 자신의 자녀들에게는 가해자일 수 있지만, 그들 또한 그들 부모의 희생양이라는 것이다.

나는 문제에 빠질 때마다 절대적으로 영향을 미쳤던 부모님에게 모든 책임을 전가하고 있었다. 왜 나에게 그렇게밖에 해주지 않았는지에 대해 잘잘못을 가리고 있었다. 육아서에 나와 있는 부모의 역할과 비교하면서 말이다. 모성애란 배우지 않고도 할 수 있는 본능적인 것이 아니냐는 모순적인 논리를 앞세우면서 말이다.

부모님 또한 우리와 같은 어린 시절과 성장기를 거쳐 지금의 모습을 하고 있다. 그러고 보니 부모님에 대한 정보가 너무 없다는 걸 깨달았다. 어떤 어린 시절을 보냈고 학창 시절 꿈은 무엇이었을까? 그리고 지금 내 나이에 어떤 삶을 살고 있었을까? 부모님도 분명 어린 시절 하고 싶었던 꿈이 있었을 것이다. 그 사람의 인생에 대해 잘 알게 되면 우리는 그 사람을 이해하기가 한층 더 쉬워진다.

시대적으로 먹고 사는 것이 힘들었던 시대에 풍족하지 못한 집안에서 태어난 우리 부모님은 많은 형제자매들 사이에서 살뜰한 보살핌을 받기 힘들었을 것이다. 학업을 끝까지 마치지도 못하고 생계 전선에 내몰려 타지에 와 일을 시작했던 아버지와 어린 나이에 결혼해 아이를 낳아 기르며 살았을 엄마를 떠올리니 마음이 아팠다.

먹고 살기 바쁜 시절에 우리를 하나하나 살피기 힘들었을 것이라는데 생각이 미쳤다. 그리고 부모님 또한 그들의 부모로부터 내가 받길 원했던 돌봄과 사랑의 방식을 어린 시절 받아 보지 못했기 때문에 우리에게도 줄 수 없었음을 알게 되었다. 갖고 있던 것을 귀찮고 힘들어서 나에게 내놓지 않았던 것이 아니다. 소중하고 귀한 것이라 혼자 고이 갖고 있으려고 나에게 주기 싫어 내놓지 않았던 것이 아니다. 그들은 그들 자신이 갖고 있지 못했기 때문에 나에게 주지 못한 것이다.

여기에 생각이 미치자 부모님이 안타깝게 보였다. 부모님에 대한 연민이 커졌고 이전 세대에 비해 풍요롭고 여유로운 삶을 살고 있는 환경에 감사하게 되었다.

부모님에 대한 연민이 조금씩 커지자 그동안 내가 생각하고 있던 것들에 대한 모순점이 눈에 보이기 시작했다. 먼저 현재의 기준으로 30여년 전의 육아방식을 평가하고 있는 나를 발견하게 되었다. 지금의 가치관에 비추어 볼 때는 지극히 해로운 교육방식이 그 당시 그 시대에는 대다수 부모들에게 정상적인 양육법으로 받아들여졌단 사실이다. 그들이 그렇게 커왔고, 보고 자란 방식을 자녀 양육에 그대로 적용했을 뿐이다.

아이를 때리는 것이 정당하다고 여기던 시대가 있었다. 아이가 잘못하면 때려서라도 가르치고, 맨몸으로 집밖으로 내쫓아서라도 잘못에 대한 대가를 치러야 한다고 여겼던 시대 말이다.

그들을 탓할 이유가 없었다. 부모님은 그들이 아는 최선의 방법으로 우리를 대한 것이었다. 놀랍게도 부모님에 대한 연민이 커지자 나를 인정하는 것 또한 쉬워졌다. 내 문제가 실은 내 문제가 아니었던 것이다.

나는 더 이상 어린 시절의 상처에 머무르며 과거에 매여 있지 않을 수 있게 되었다. 내가 가족들과 무엇을 하길 원하는지, 앞으로 어떻게 지내길 원하는지에 초점을 둘 수 있게 된 것이다. 어쩌면 연민이 많아져서 일지도 모르겠다. 내가 나이를 먹고, 아이가 커갈수록 우리 부모님은 점점 더 늙어가고 있음이 이제 눈에 보인다. 후회하고 싶지가 않다.

어린 시절의 나는 부모에게 온전히 의지하고 기댈 수밖에 없었기에 스스로를 지킬 수 있는 힘이 부족했지만 이제는 스스로를 지킬 힘이 충분하다. 지나간 날에 대한 아쉬움은 아쉬움으로 놓아두고, 앞으로 살아갈 날은 내가 만들어갈 수 있다는 기대감이 생겼다. 이 날들 또한 아쉬움과 후회로 채우고 싶진 않다. 그래서 나는 우리 부모님에게 원하는 것이 무엇인지를 생각하는데 집중할 수 있게 되었다.

고마움을 표시하고 싶다. 지금 내가 이렇게 잘 살아가고 있는 것은 분명 내 안에 이런 힘과 에너지를 갖고 태어날 수 있게 해준 부모님 덕분이니 말이다. 아이를 돌보면서 몸이 지쳐 힘들 때도 있지만 그래도 아이는 언제나 내게 '사랑스럽고 귀한 존재'이듯, 아마 나도 부모님에게 그런 존재였을 것이다.

앞에서도 말했지만, 나는 부모님을 충분히 원망하는 시간을 가지고 나서야 이런 결론에 이르렀다. 가까운 사람들에게 몇 번이고 부모님에 대한 원망의 말들을 쏟아내도 분노의 수위가 낮아지지 않던 때가 있었다. 그들을 탓하고 스스로를 불쌍히 여기고 안타까워했다.

그러다 어느 순간 부모님에 대한 이해와 인정이 가능해졌다. 순식간에 일어난 일이다. 이런 속도는 사람들마다 다를 것이다. 때 이른 용서는 어쩌면 다시 상처를 줄지도 모른다. 자신을 재촉하지 말고 스스로의 마음 속도에 맞춰 부모님을 보길 바란다.

1. 내 안의 묵은 감정을 털어내 봅시다.
부모님께 비난편지를 써보세요. 단, 부모님께 부치기 전에 찢어버려야 한다는 것 명심하세요.

2. 부모님의 삶에 대한 정보를 모아보세요. 부모님을 한층 더 깊이 이해하는데 도움이 되고 연민이 커진답니다.
부모님의 어린 시절은 어땠을까요?

지금 우리 나이 때 부모님은 어떤 꿈을 가지고 살고 있었을까요?

부모님이 살아온 그 시대, 그 시절은 어땠을까요?

Step 5

아이를 있는 그대로 바라보기 위해 필요한 것

아이가 8개월 즈음 되었을 때 이리저리 한시도 가만히 있지 않고 움직이며, 알 수 없는 옹알이를 해대고 웃기도 잘 웃어 사랑스럽기 그지없는 전형적인 '활달한 아기'였다. 하지만 내 친구가 집에 놀러 왔을 때, 낯선 사람을 본 아이의 표정은 굳어졌고 시간이 지나도 평상시처럼 '활달한 모습'을 보이지 못했다. 사랑스러운 아기의 여러 모습을 친구에게 자랑하고팠던 나는 아이를 친구에게 가보라며 재촉해보기도 하고 아이의 웃음을 보이기 위해 노력했다. 이런저런 요구로 아이의 등을 떠밀며 사랑스런 모습을 보여줄 것을 강요했다. 친구가 내 아이를 '활달한 아기'로 인정할 수 있도록 말이다.

당시 나는 낯선 사람을 만났을 때 어른들조차 어색하고 불편해하는 감정이 생긴다는 것은 조금도 생각하지 않고 단지 '활달한 아기여야 한다'는 틀에 아이를 끼워 맞추고 있었다. 평소 차분하고 내향적인 나의 성격을 싫어했기 때문이다. '활달한 성격이 좋은 성격이다'라는 나의 믿음은 친구 앞에서 움츠리고 있는 내 아이를 있는 그대로 보지 못하게 만들었던 것이다. 낯선 사람 앞에 선 아이의 어색하고 불안한 그리고 불편한 감정을 전혀 알아채지 못했다. 그저 나는 아이의 모습에서 내 모습을 찾아내고 있었다. 아이의 모습에서 나의 약점을 찾아냈고 그것을 고치려고 애쓰고 있었다.

내 안에 어떤 신념들이 더 존재하는지는 알 수 없지만 이런 신념 혹은 선입견으로 아이를 본다면 그 틀에 아이를 맞추고 틀에서 벗어난 행동을 보일 때 불안하고 또 조급해져서 아이에게 이런저런 강요를 할 것이다.

우리 모두에게는 아이의 성향 또는 아이의 감정을 있는 그대로 인정하고 바라보는 일을 방해하는 신념들을 하나 이상씩은 가지고 있다. 아이를 감정적으로 대했던 적을 기억해보라. 분명 그렇게 화낼 만한 일이 아니었는데, 그 당시에는 몹시 화가 나 아이에게 심하게 닦달하거나 채근하고 혹은 소리치고 손찌검을 하기도 한다. 아이에게 화를 낼 수는 있지만 아이로 인해 방금 생긴 분노라 하기에는 어쩐지 꺼림칙하고 스스로 납득이 되지 않는다. '내가, 내가 아닌 것 같다', '그때 제정신이 아니었어', '내가 왜 그랬는지 모르겠어'라는 말들로밖엔 설명이 되지 않는 그 무엇. 이는 아이를 있는 그대로 바라보지 못하고 엄마 안에 있는 왜곡된 시선으로 아이를 보게 됐을 경우다.

우리는 세상을 있는 그대로 보고 듣지 못할 때가 종종 있다. 내 안에 축적된 경험이나 정보들로 상황을 분석하고 해석한다. 내 안의 선입견이나 편견 때문에 같은 말을 듣고 같은 상황을 겪어도 사람들마다 다르게 해석한다. 검은 안경을 쓴 사람은 세상을 검게, 빨간 안경을 쓴 사람은 세상을 빨갛게 보는 것처럼 말이다. 따라서 우리는 똑같은 상황을 겪어도 그에 대처하는 태도가 각양각색이다.

이는 엄마의 인격이나 품격에 따라서가 아니라, 엄마 안에 있는 어떤 필터 때문이다. 필터는 단 한 번의 충격적인 경험이나 반복된 비슷한 경험이 누적되어 생긴다. 우리가 흔히 부르는 트라우마와 비슷하기도 하다. 어렸을 때 물에 빠져 죽을 뻔했던 기억이 있는 사람은 어른이 되어서도 선뜻 물에 들어가지를 못한다. 수영을 배워보고 싶기는 한데, 물에 대한 공포가 심해서 수영을 배울 엄두를 내지 못하는 것이다. 트라우마처럼 극단적인 행동의 제한으로 나타나는 것도 있지만, 왜곡된 신념은 내 안의 비논리적이고 근거가 없는 어떤 신념이 형성되어 있어 상황을 있는 그대로 바라보지 못하도록 만든다.

영화를 관람하기 위해 시내에 위치한 극장에 갔을 때다. 요즘엔 은행뿐만 아니라 영화관에서도 티켓을 예매하기 위해서는 극장 한 켠에 위치한 대기번호표 발급기계에서 번호표를 뽑고 차례를 기다려야 한다. 한참 줄 서서 기다릴 필요 없이 자신의 차례에 해당되는 번호가 창구 위에 설치된 스크린에 뜨면 티켓을 발매하러 해당창구로 가면 되기 때문에 편리한 면이 있다.

번호표를 뽑고 자리에 앉아 순번을 기다리고 있는데 초등학교 3학년쯤 되는 아이와 함께 엄마, 아빠가 영화 티켓을 예매하기 위해 줄을 서서 기다리고 있는 것이 보였다. 그들은 줄을 서서 차례를 기다리고 있었고 앞사람이 비켜서자 창구 앞으로 가 예매를 하려고 했다.

직원이 번호표를 보여 달라고 하자 그러한 운영시스템을 몰랐던 그 가족은 대기번호표를 뽑아야 하는지 몰랐다고 했다. 그러자 직원은 대기번호 순서대로 처리해야 하므로 번호표를 뽑고 차례를 기다려 달라고 안내를 했다. 그러자 그 가족의 아빠로 추정되는 남자는 해당 직원에게 욕을 하기 시작했다. 대학생 아르바이트생쯤으로 보이는 젊은 아가씨는 갑작스런 고객의 욕설에 당황하며 얼굴이 시뻘겋게 달아오른 채 아무 말도 하지 못하고 얼어버렸다.

줄 서서 기다린 자신을 먼저 처리해 주지 않고 번호표를 뽑고 기다리라고 했다며 욕을 해대는 남자에게 매니저가 급히 나와 영화관 티켓 발매 시스템에 대해 안내를 한 다음 양해를 구하고 먼저 처리해 주겠다고 했지만, 그는 여기서 영화를 보지 않으면 그만이라며 가족들을 데리고 나가버렸다. 하지만 나갔다 싶었던 그 남자는 다시금 돌아와 좀 전의 그 젊은 직원에게 또다시 욕설을 한차례 퍼붓고 사라졌다. 아무래도 분이 덜 풀렸던 모양이다.

멀찍이 떨어져서 조마조마한 표정으로 지켜보고 있는 아내와 아이는 자신의 남편이나 아빠를 지지하기보다는 다른 사람들 앞에서 추태를 부리는 모양이 창피했던지 얼굴을 똑바로 들지 못하고 안절부절하는 모습이었다.

아마 이 남자는 직원이 자신을 무시한다는 생각이 들어 감정적으로 흥분하여 욕설을 퍼부었을 것이다. 번호표 시스템에 대해서 몰랐다고 설명하고 줄을 서 기다린 것에 대해 인정해달라는 자기표현을 욕설을 퍼붓는 방식으로 하는 그를 보면서 과연 집에서는 가족들을 어떻게 대할까 궁금해졌다. 아이에게도 본인의 감정을 여과 없이 드러내는 어른답지 못한 행동을 하는 어른들이 많다. 자신이 화가 나면 화가 나는 대로 감정을 그대로 표현하는 어른 말이다.

하지만 이 남자도 아마 자신이 무시당한다라는 생각을 갖게 된 데에는 지난날 어떤 경험들이 누적되었기 때문일 것이다. 그때마다 생겼던 불편한 감정들을 제대로 돌보고 해소하지 못했을 때 이렇게 자신이 더 강자의 위치에 있다고 생각되는 곳에서 빵빵 터트리게 되는 것이다.

나 또한 특정한 감정패턴이 반복되어 에너지가 소진된 경험이 있다. 시어머니가 허리를 다쳐 병원에 입원해 있는 상황에서 미리 잡힌 일정 때문에 바로 병문안을 가지 못하는 상황이었다. 나는 다른 사람들에게 못된 며느리로 낙인찍힐까봐 또 전전긍긍하고 있었다. 다른 사람은 아무렇지도 않아 할 일을 내가 유독 신경 쓰는 이유가 궁금했다.

이 상황에서 떠오르는 마음속 생각들을 모두 적은 다음 어떤 느낌이 드는지 살펴보았고, 현재의 느낌과 같은 느낌을 가졌던 적이 있었는지 어린 시절로 돌아가 보는 작업을 했다. 불현듯 어린 시절 퇴근 후 집에 돌아와 집안이 어지럽다고 소리치고, 사용 후 끄지 않는 화장실 전등불 때문에 화를 내시는 아빠의 모습이 떠올랐다.

나는 1남 3녀의 맏이로, 그 비난을 온몸으로 혼자서 받고 있었고, 소리치는 아빠가 무서워 '내가 하지 않았다', '내가 어지르지 않았다'라고 제대로 표현하지도 못했다. 내가 하지 않았지만 늘 맏이라는 이유로, 그런 비난의 화살을 맨 앞에 서서 맞곤 했다. 억울했지만 '어디서 말대답이냐', '나한테 대드냐'고 혼날까봐 두려워 내 의견을 이야기하는 것이 참 힘들었다. 내 안에는 오해받아 억울해하고 있는 아이가 있었던 것이다. 그래서 지금도 괜한 오해를 살까봐 두려워던 것이다.

이처럼 왜곡된 신념은 대부분 가정에서 많이 발생하고 그 다음으로 학교에서 많이 생긴다. 어린 시절 감정이 형성되는 시기에 생긴 충격적인 상처는 몸과 마음에서 쉽게 떨쳐지지 않는다. 이런 신념을 자세히 들여다보면 어떤 상황에서 내가 왜 그런 행동이나 태도, 생각을 지니게 되었는지를 알 수 있게 해준다.

친구들과 노는데 정신이 팔려 지나가는 아버지에게 인사하지 못한 것에 대해, 며칠 뒤 퇴근길에 술 한잔하고 집에 돌아온 아버지에게 '아버지가 지나가는데 인사도 하지 않았다'며 심하게 혼이 난 기억이 '인사'에 대한 강박관념이 생기게 된 계기가 될 수도 있는 것이다.

"이유는 모르겠지만, 짜증나!", "내가 그때 왜 그랬는지 모르겠어" 하는 식의 반응 뒤에는 분명 '숨어 있는 이유'가 있다. 이런 왜곡된 신념들은 익숙하고 자연스러운 반응이라 우리는 의식하지 못하는 경우가 많다. 아이와의 일에서도 이런 필터가 작동하게 되면 아이의 감정을 있는 그대로 보기가 힘들다.

부모 자신의 신념이 투영되어 아이의 감정을 왜곡해서 받아들인다. 슬퍼서 우는 아이를 보며 '슬픔'이라는 감정을 알아차리지 못하는데, 이는 자신 안에 있는 '짜증'이라는 감정에 막혀 있을 때가 이런 경우이다. 엄마는 아이가 우는 걸 보면 먼저 짜증이 나서 '왜 우는지, 뭐가 슬픈지 알려는 마음'의 여유가 생기지 않는다.

아이를 잘 기르기 위해서는 무엇보다 부모의 어린 시절에 형성되어 삶의 원칙이라고 믿고 사는 왜곡된 신념들을 제거할 수 있어야 한다. 그래야 아이를 있는 그대로 보고 수용할 수 있다.

1. 최근에 화가 나거나 감정적으로 크게 힘들었던 상황을 기억해보세요.
어떤 일이 있었나요? 누가 어떤 말과 행동을 해서 화가 났나요?

어떤 생각들이 떠오르나요? 생각나는 대로 말해보세요.

그때 나의 몸과 마음의 느낌은 어땠나요?

2. 이때와 비슷한 느낌이 들었던 어린 시절의 기억을 찾아보세요.
어떤 일이 있었나요? 누가 어떤 말과 행동을 했나요?

어떤 생각들이 떠오르나요? 어떤 느낌이 드나요?

이때 내가 갖게 된 신념을 찾아보세요.

Step 6

감정의 재발견, 울어도 괜찮아

우리는 어렸을 때 감정에 대한 교육을 거의 받지 못했다. 긍정적인 감정과 부정적인 감정이 모두 옳은 것이고 그것을 느끼는 것이 잘못된 것이 아니라는 것을 배우지 못했다. 그래서 특히 부정적인 감정이 올라올 때는 애써 외면하거나 기분이 나빠진다는 이유로 거부하기도 했다.

하지만 감정은 우리의 신체 신호와 같이 매우 중요한 마음의 신호이다. 몸의 변화를 잘 알아차리는 사람은 건강의 적신호와 청신호를 구분할 줄 알듯이 마음의 신호등불이 어떤 색깔인지를 알아차릴 수 있어야 한다. 병은 조기 발견이 중요하듯이 마음의 병 또한 묵은 감정이 원인이 되는 경우가 많기에 처음부터 감정을 켜켜이 쌓아두지 않는 것이 좋다.

2015년 7월 마지막 주, 복직 일주일을 앞두고 무엇을 할까 고민하다가 오랜만에 영화 한 편을 보기로 했다. 〈인사이드 아웃〉이란 영화를 주변에서 추천해주어 혼자 극장에 가서 보고 왔다.

감정의 주요 요소인 기쁨이, 슬픔이, 투덜이, 버럭이, 소심이가 주인공 아이 라일리의 기억과 경험을 만들어가는 성장 영화였다. 기쁨이는 라일리가 행복해져야 한다는 목표 아래 주도가 되어 감정들을 지휘한다. 라일리가 행복해야져야 하기 때문에 슬픔이는 여러 상황에서 계속 배제된다. 기쁨이는 슬픔이의 행동반경을 제한하고 라일리가 슬퍼하지 못하도록 노력을 기울인다. 라일리가 살던 곳을 떠나 다른 도시로 이사를 감으로써 친구들과 멀어지고 낯선 환경에 맞닥뜨리게 되는데, 이 순간에도 슬픔이가 계속 배제되어 슬픔이란 감정을 외면하게 된다. 그러다 결국엔 아무런 감정을 느끼지 못하는 지경에 이른다.

슬퍼하며 눈물을 보이는 것은 다른 사람에게 내가 힘들다고 도와달라는 구조신호를 보내는 것과 같다. 슬퍼해야 할 때 슬퍼함으로써 우리는 위로받고 또 자신을 추스를 수 있는 힘을 얻게 된다.

영화가 후반부로 들어서면서 나는 계속 눈물이 났다. 슬퍼해야 했을 때 슬퍼하지 못했던 내가 떠올랐기 때문이다. 아무 일도 없는 척 또는 어떤 일이 있었지만 아무렇지도 않거나 이쯤이야 하며 쿨한 척했던 내가 너무 안쓰럽게 다가왔다. 충분히 슬퍼하고 주변에 도움을 요청할 수 있었던 일들에 대해 나약해 보이기 싫다는 이유로, 비참해 보일까봐 겁이 나서 감추기에

급급했었기 때문이다.

스트레스를 받을 때 쌓이는 호르몬인 '카테콜아민'을 몸 밖으로 배출시키는 매개체가 바로 눈물이다. 울고 나면 기분이 좋아지는 것도 이 때문이다. 영국의 정신과의사 헨리 모슬리는 눈물을 '신이 인간에게 선물한 치유의 물'이라고 했다. 슬픈 일이 있을 때는 눈물을 쏟아내야 한다. 꾹꾹 눌러 애써 참다보면 병이 된다. 반면 펑펑 울며 눈물을 실컷 흘리고 나면 속이 후련해진다.

'비폭력대화'를 배우며 가장 좋았던 것은 내면을 들여다보는 작업이 많다는 것이다. 마음속으로 억누르고 감추며 살아왔던 것들을 헤집고 들추어 꺼내는 작업들 말이다. 부끄럽고 아파서 쉬운 일은 아니었지만, 다른 사람들 앞에서 내가 나약하다고 생각했던 경험들을 풀어놓는 경험은 정말로 최고였다.

나의 슬픔을 혼자서 글로 쓰는 것보다 공감해주며 들어주는 상대를 앞에 두고 말하는 것이 얼마나 큰 치유의 힘이 있는지 경험했다. 그 앞에서 펑펑 울고 나면 마음속 깊이 쌓인 체증이 시원하게 풀렸다. 자신의 고통스런 기억 그리고 그에 따른 그 감정과 직면하기를 매번 회피해왔지만, 두려워 피하기만 했던 그 감정과 직면해야만 우리는 자유로워질 수 있다.

나 혼자 어떤 일을 문제로 여기고 꽁꽁 감추고 있으면, 그것은 내게 너무나 큰 문제로 남아 있게 된다. 하지만 안전한 상대에게 그 이야기를 털어놓고 나서야 나는 알게 되었다.

말해도 괜찮다는 걸.

울어도 괜찮다는 걸.

그 문제는 나만의 문제가 아니란 걸.

다른 사람들에게 나약하게 보일까봐 감춰두었던 내 비밀이 실은 하나의 사건에 불과했음을 알게 되었다.

마음의 상처는 자신의 과거와 마주하고 그것에 대해 오픈하고 이야기할 때 치유가 가능하다.

"슬퍼해도 괜찮아. 울어도 괜찮아."

어렸을 때 이런 말을 듣고 자랐다면 얼마나 좋았을까. 어린 시절 울지 않으려고 애썼던 내 모습을 생각하니 그저 안쓰럽고 안타깝다. 이제라도 내가 울 수 있는 자유를 찾은 것은 참 다행스러운 일이다.

1. 앞서 적었던 어린 시절의 사건이나 부모님에게 쓴 비난편지를 소리 내어 읽어보세요. 글로 쓴 것을 소리 내어 읽으면 감정이 좀 더 강하게 일어납니다. 말의 힘이지요. 펑펑 울고 나면 속이 후련해집니다.

2. 감정을 인정하세요. 외롭지 않은 척, 슬프지 않은 척하지 마세요.
'나 좀 외롭네.'
'나 좀 짜증나네.'
이렇게 나의 감정을 인정해주는 것만으로도 스스로가 한결 편안해집니다.

07

마음 돌보기 1:
감사일기와 감정일기 쓰기

몇 년 전 매일 감사한 일 5가지씩을 적는 〈감사일기〉를 썼었다. 크게 다를 바 없던 일상 속에서 감사한 일 5가지를 찾는 것은 쉽지 않았다. 그렇다 보니 작고 소소해 보이는 일 하나하나를 기억해 적어야만 했다.

'점심 메뉴로 내가 좋아하는 닭갈비를 먹을 수 있어 감사하다.'

'오늘은 날씨가 화창해서 감사하다.'

몇 달을 이어갔지만 형식적이란 생각을 지울 수가 없었다. 소소한 일들을 찾아 적었지만 그걸 적는다고 '생각보다 주변에 감사한 일이 많구나! 세상은 참 따뜻하고 감사할 것 천지구나!' 하는 감동이 오지 않았다. 소소한 것에 감사하다 보면 세상을 보는 나의 마음이 긍정적으로 변할 것이라는 기대는 그저 기대로 끝나고 말았다. 내 안에 아무런 변화도 감지되지 않았기에 감사일기 쓰는 것을 그만두었다.

그러고 시작한 것이 〈인생오답노트〉를 쓰는 것이었다. 내가 실수했던 일들에 대해 곱씹어 보고 끊임없는 스토리를 재생산하고 있는 내 모습이 싫어서 시작한 일이었다. 무엇보다 스스로에 대한 비난을 멈추고 싶은 생각이 컸다.

내가 실수했던 상황을 구체적으로 글로 적고 그에 대한 생각을 적었다. 같은 실수를 다시 하지 말자는 의도였다. 고등학교 때 수능 모의고사 오답노트를 만들어가며 공부했던 기억을 떠올리며 말이다. 고등학교 때도 그랬지만 이번에도 별다른 효과를 거두지 못했다. 나는 똑같은 문제를 또다시 틀리고 말았듯이 다신 하지 말아야지 했던 실수를 또다시 저질렀다. 오답노트도 제대로 활용이 되지 않았다.

그러다 2015년 아이를 만나고 나서 참여하게 된 비폭력대화 워크숍에서 만난 선생님이 강력하게 〈감사일기〉를 추천해주었다. 이미 감사일기를 써 본 적이 있는 나는 탐탁지 않게 여겼지만, 그는 세상에 대한 감사뿐만 아니라 '자신에 대한 감사'도 쓰라고 조언해주었다.

'나 자신에 대한 감사라고?'

감사의 의미를 넓혀 자기 자신에 대해 칭찬하고 축하하고 싶은 것을 쓰면 된다고 했다. 나는 무언가를 이뤄낸 것뿐만 아니라 어떤 것을 위해 애쓰는 모습 그리고 성실하게 무언가를 계속 해나가는 모습을 칭찬하고 축하하기 시작했다.

'아침 4시에 일어나 책 읽는 나의 태도에 감사하다.'

'준이가 하루 종일 칭얼댔지만 짜증을 내지 않은 나 자신에게 감사하다.' 등등

하루 이틀, 한 달 두 달이 지나갈수록 내 자신을 바라보는 에너지가 달라지고 있다는 것이 확연히 느껴졌다. 그동안 나의 단점에 초점을 맞춰 보던 것을 나의 장점 그리고 내가 잘하려고 노력하고 애쓰고 있는 것에 초점을 맞춰 보기 시작한 것이다.

그동안 나는 단점을 가지고 있지만 그 부족한 점을 메꾸기 위해 노력하고 애쓰고 있는 더 큰 내가 있음을 보지 못했다. 나의 부족한 부분만 들여다보고 있다 보니 더 큰 나를 보지 못했던 것이다. 자신에 대한 감사일기는 이런 더 큰 나를 볼 수 있게 해주었다. 부족한 부분을 줌인해서 확대해 보고 있던 것을 점차 줌아웃해서 전체적인 모습을 보게 해주었다. 그리고 그 전체 중 나의 부족한 부분은 아주 일부분인 것도 알게 되었다.

자신을 칭찬하는데 인색하고 자신의 부족한 부분이 두드러져 보이는 사람은 감사일기 쓰기를 적극 권한다. 자신의 밝은 부분을 확대해 봄으로써 자기비판을 줄이고 자기칭찬을 늘릴 수 있는데 탁월한 효과가 있다. 감사일기를 쓸 때는 세상에 관한 것뿐만 아니라 자신에 대한 것을 꼭 같이 적길 바란다.

다음으로 소개하고 싶은 것은 〈감정일기〉다. 불편한 감정에 대한 내면 풀이 과정을 적은 일기라고 할 수 있겠다. 우리는 어떤 상황에서 왜 그런지 정확히 설명할 수는 없지만 뭔가 거슬리는 감정을 느낄 때가 있다. 순식간에 지나가버리고 또는 어쩌다 한 번씩 일어나는 상황이라 깊게 생각해 보지 않지만 비슷한 상황에서 우리는 늘 불편함을 느끼게 된다. 이 불편한 감정을 면밀히 그리고 찬찬히 뜯어보는 것이다. 다른 사람의 말과 행동이 자주 거슬리는 사람은 자신의 감정을 들여다볼 필요가 있다. 그 안에서 예상치 못했던 자신의 생각을 발견하거나 내면문제를 알아차릴 수 있기 때문이다. 감정일기를 쓰면 무엇보다 사람들과의 관계 속에서 반복되는 감정패턴을 발견할 수 있는 것이 큰 장점이다.

3살 딸을 두고 있는 아이 엄마 민정 씨는 남편이 어디가 아프다고 하면 화가 난다고 했다. 걱정하는 마음이 들기보다 짜증이 앞서고 '자기 몸은 자기가 챙겨야지' 하는 생각이 들면서 걱정은 10%, 짜증과 불만이 90%를 차지한다고 했다. 아마 친구나 다른 사람이 그런 이야기를 한다면 어떡하냐며 병원에 가보라는 말을 그렇게 퉁명스럽게 던지지는 않을 것이라고 했다.

하지만 남편에게 그 이야기들을 들을 때는 답답함이 먼저였다. 그 감정의 이면에는 '남편에 대한 기대'와 '아이 아빠에 대한 기대'가 있음을 알게 되었다. 아내로서 그리고 아이의 엄마로서 남편에 대한 기대치가 높았던 것이다. 아프지 말고 애들이랑 잘 놀아주고 가정적이었으면 좋겠는데, 그런 기대치에 못 미치고 주말에 혼자 외출까지 하고 와서는 아프다고 하니 짜증이 나고 한심해 보이기까지 했던 것이다. '남편이 슈퍼맨이 되길 바라고 있는 자신의 높은 기대치'를 발견하고 나니 왜 그렇게 남편에게 짜증이 났는지 이유를 알게 되어 마음이 한결 편안해졌다고 했다.

감정일기를 쓰면 자신에 대한 이해가 깊어진다. 나 자신에 대해 제대로 알 수 있게 된다. 아마 자신에 대해서는 스스로가 제일 잘 알고 있다고 생각할지 모르겠다. 하지만 나는 지난 1년 간 감정일기를 쓰면서 나에 대해서 새롭게 알게 됐다. 내가 알게 된 나는 너무 새로워서 낯설기까지 했다. 감정의 이면에 내가 어떤 생각을 가지고 있었는지에 대해서 곰곰이 생각하며 나의 내면풀이 과정을 글로 쏟아내면서 갈등 상황에서 내가 어떤 식으로 생각하고 있었는지 어떤 태도를 보이고 있는지를 알게 된 것이다. 습관적이고 무의식적으로 나오는 자동적 반응이라 그동안 인식하지 못했던 자신에 대해서 알게 된 것이 큰 소득이었다.

또한 우울한 감정에 빠져 축 처져 있을 때, 내게 왜 그런 감정이 일어났는지를 되짚어 보고 마음속에서 산발적으로 일어나는 비난의 메시지들을 글로 옮겨 적고 나면 속이 후련해진다.

그리고 내가 무엇을 원하고 있는지가 명확해진다. 우리는 보통 자신이 원하지 않는 것은 잘 알고 있지만 무엇을 원하는지는 잘 모르는 경우가 많다. 원하지 않는 것에 집중되어 있기 때문에 마음속에서 비난의 메시지들이 무수히 생성되는 것이다.

우리는 보통 자신의 장점을 적어보라고 했을 때보다 단점을 적어보라고 했을 때 더 많은 가짓수를 찾아내 적는다. 〈감사일기〉는 자신의 잘한 부분을 찾는데 집중하기 때문에 자존감을 높여주는데 큰 힘이 된다.

또한 〈감정일기〉는 불편한 감정을 살피고 그 이면을 들여다 볼 수 있어 나에 대한 이해가 높아져 자신을 수용하는데 많은 도움을 준다. 우리는 자신의 마음을 이해하는 만큼 다른 사람의 마음도 이해할 수 있다.

감사일기로 나의 밝은 부분을 한껏 찾아보고, 감정일기를 통해 자기이해를 넓혀보자.

1. 감정일기 예시
2015년 11월 28일 토요일

상황

토요일 오후 상담대학원 입시 면접이 있어서 집을 나섰다. 장소가 지하철과는 좀 떨어진 곳이라 버스를 타고 갈까 하다가, 면접 보러 가는 날 헤매는 수고를 하고 싶지 않고 편안하게 가고 싶어 택시를 탔다. 타기 전에 지갑에 현금이 얼마가 있는지 확인했다. 9,000원이 있었다. 면접장소까지 가는 거리상 모자라지는 않는 금액이다.
하지만 주말 오후라 그런지 길이 엄청 밀렸다. 요금 미터기를 보니 7,700원이었는데, 좌회전 신호를 기다리고 있는 차선이 움직이지 않는다. 10분 정도 그냥 길바닥에 멈춰 있는 기분이었다. 9,000원을 곧 초과할 것 같아 불안했다. 아저씨에게 "길이 왜 이렇게 막히냐"고 물었고 아저씨는 "이 길은 원래 막히고 주말이라 더 막힌다"고 했다.
난 점점 더 초조해졌고 돈이 부족할 것 같다는 불안을 차가 많이 막혀 목적지에 늦게 도착하게 돼 초조해하는 모습으로 꾸며대기 시작했다. 아저씨에게 차가 이렇게 밀리는 줄 몰랐다며, 택시 탄 걸 후회한다는 뉘앙스의 말을 하니 아저씨도 짜증을 냈다. 나는 더 짜증이 나서 세워달라고 했고, 아저씨도 화가 나서 여기서 어떻게 세우냐며 언성을 높였다.
그러다 좌회전 신호가 들어왔고 돌자마자 세워서 내렸다. 요금은 8,800원이 나왔다. 택시에서 내려 목적지를 향해 가다보니 차가 여전히 거북이 걸음이었다. 돌자마자 내리지 않았다면 분명 9,000원이 초과되었을 것이란 생각에 안심이 되었다.

내면풀이(떠오르는 생각을 가감 없이 적자)
–돈이 모자라면 어쩌지? 요금 미터기도 아저씨 팔에 가려서 잘 안 보이고 돈 모자랄까봐 걱정되고 불안해.
–요새 카드가 안 되는 택시도 있나? 이 택시는 카드단말기도 안 보이고, 카드 된다는 말도 써 붙여지지 않았네. 아, 하필 왜 이런 택시를 타게 됐을까?
–처음에 탈 때부터 아저씨 태도가 별로였어. 차례대로 타야 하는 택시가 아니었다면 다른 택시를 탔을 텐데 선택권이 나한테 없었어!
–돈 모자랄까봐 초조한 것을 목적지에 늦게 도착하게 될까봐 초조해하는 걸로 내가 꾸미고 있구나. 돈 없다고 얘기하면 저 아저씨도 화를 낼 거야. 이렇게 짜증내나 저렇게 짜증 내나 저 아저씨도 마찬가지일 거야.
–그래도 사실대로 이야기한다면 좀 더 부드럽게 대화가 됐을 텐데.
–아냐. 날 무시하며 돈도 없이 왜 택시 탔냐고 소리칠지도 몰라. 사실 이런 상황이 발생할까봐 무서워서 내가 우위에서 소리칠 수 있는, 길이 막히는 상황에 대해 짜증을 냈어.
–내가 돈이 없다는 사실을 곧이곧대로 얘기하면 내가 쪼그라들까봐 겁이 났다.
–남편은 왜 버스를 타라고 한 거야! 길이 이렇게 막히는데. 길 막힌다는 이야길 해줬다면 나는 분명 지하철을 타고 근처까지 간 뒤 택시를 탔을 거라고!
–남편이 어제 내 지갑에 있는 만 원을 안 가져갔다면 이렇게 초조하지 않았을 텐데… 아저씨랑 싸우는 일이 없었을 텐데!

3. 스스로를 공감하기
– 내가 가진 신념: 돈이 없으면 무시당한다.
– 느낌: 불안, 초조, 조마조마
– 내게 중요했던 것: 안전, 편안함
– 자기공감: 혹시나 돈이 모자랄까봐 택시를 타기 전에 현금이 얼마인지 확인하고 모자르지는 않을 것이라 생각하고 탄 건데, 길이 막혀 돈이 초과하게 되는 상황이 발생해서 많이 불안하고 초조했어? 걱정했던 상황이 일어날까봐 두려웠어?

내가 잘못된 선택을 했다는 생각에 스스로에게 화가 났어?
내가 염려했던 불편한 상황이 현실이 되어버리는 상황이 불편하게 느껴졌어?
미리 현금 확인까지 하고 탔는데 차가 막힌다는 정보를 알지 못해서, 예측하지 못한 상황이 발생해서 많이 불안했던 거야?

내가 했었으면 하는 행동

먼저 '카드가 되나요?'라고 물어보고 된다고 하면 다행이다. 안 된다면 사실대로 말한다. 목적지까지 9천 원이면 모자라지는 않을 것이란 생각에 탔는데 이렇게 막힐 줄 몰랐다. 곧 초과할 것 같으니 좌회전 받으면 바로 세워주세요, 라고 내 마음을 솔직하게 표현했으면 좋았을 것을.

통찰

내가 갖고 있던 마음속의 두려움을 누군가에게 '솔직하게' 표현하는 게 어렵다는 것을 또 한번 실감했다. 내가 정말 두려워하는 게 뭐지? 택시비 조금 모자란다고 내가 정말 돈이 없어서 구박받는 신세가 되는 건 사실이 아니잖아? 그날 그냥 길이 막혀 돈이 좀 모자란 것에 그치는 건데, 근데 난 뭘 두려워 한 거야? 내가 돈이 없단 걸 알면 상대가 날 무시할까봐 겁이 난 거야?
난 돈에 대한 '왜곡된 신념'이 있다. 택시 아저씨와 실랑이를 하면서 내 안에 두려움을 들키고 싶지 않아 내가 그렇게 행동한다는 걸 알아챘다. 조금 더 일찍 알아챘다면 다르게 표현할 수 있었을 텐데 아쉽다.
– 나의 왜곡된 신념: 돈이 없으면 위험해. 큰일 나. → IMF 때 아빠 사업이 망하면서 돈 없는 설움을 겪었다. 돈 없어 원하는 4년제에 입학원서 한 장 쓰지 못했다. 친구들과도 연락을 끊었다. 모든 게 돈이 없어서 생긴 일이라 여기고 있었다. 실은 돈이 문제가 아니었는데. 내 안에 상처가 너무 깊어서 돈에 대한 두려움을 발견하고 나서도 여전히 그걸 숨기고 싶어 하고 있는 날 알게 되었다. 나한테 너무 큰 상처들이기에 아직은 더 시간이 필요한 것 같다.

2. 감사일기 쓰기

세상에 대한 감사

나 자신에 대한 감사, 축하, 칭찬

08

마음 돌보기 2:
듣고 싶었던 위로의 말을 자신에게 하자

우리 부부는 주말부부다. 별일이 없는 한 남편은 금요일 저녁 8시 40분에 집에 온다. 금요일 저녁은 남편과 함께하기 위해 기다렸다가 남편이 오면 같이 식사를 한다. 이 날도 남편이 오는 시간에 맞춰 치킨을 주문하고 기다리고 있었다. 남편이 왔고 배가 고팠던 나는 얼른 먹고 싶었는데 남편이 휴대폰을 내밀며 이것 좀 보라고 한다. 그것은 SNS 단체 채팅방에 올려진 어느 연예인의 가십기사였다. 이름도 얼굴도 처음 보는 어느 여자 연예인들의 다툼이 담긴 동영상파일이었다. 나는 남편의 마음을 공감하고자 노력했다.

'재밌는 기사를 나에게 보여주고 함께 나누고 싶어 하는구나.'

남편의 욕구와 느낌을 추측하며 애써 올라오는 짜증을 참아냈다. 하지만 이때부터 남편에게 걷잡을 수 없이 화가 나기 시작했다. 일주일 만에 집에 와서는 주중 내내 혼자서 아이를 돌보느라 고생한 아내에게 '고생 많았지. 힘들었지. 혼자서 아기 돌보느라 얼마나 애썼어'라는 말 한마디 없이, 우리와 아무런 상관도 연관도 없는 어느 여자 연예인들의 가십기사나 보라고 내미니 어찌나 정내미가 떨어지던지!

나는 내가 수고한 시간들에 대한 인정과 관심이 절실했다. 그날 밤은 너무 화가 나(소위 울화통이 터져) 꼬박 날밤을 샜던 기억이 난다. 공감이 절실히 필요했던 내가 나의 감정을 억제하고 상대방을 공감하는데 에너지를 쓰면서 생긴 부작용이었다.

몸과 마음이 피곤하고 답답할 때는 남편과 자주 부딪치곤 한다. 감정에 여유가 없으니 작은 일에도 민감하게 반응하게 되는 것이다. 주말부부라 주중에 함께하지 못하는 남편은 내가 그런 반응을 보일 때마다 많이 미안해하며 난감해했고 나는 나대로 혼자 속상해하곤 했다.

내가 지치고 힘들면 다른 사람의 마음을 살필 여유가 부족해지는 것은 어쩔 수 없다. 상대방을 공감해줄 수 있는 힘도 마음의 여유가 있어야 가능한 것이다. 우리가 예민한 마음 상태임에도 불구하고 웃으며 상대방을 배려한다면, 그것은 분명 보통 사람으로서는 해내기 어려운 일이다.

비행기에 탑승하면 출발 전 기내에 설치된 스크린에 안전수칙이 뜬다. 그중 기내 압력의 상황이 발생했을 때 자녀와 함께 탑승한 부모의 경우 자녀를 돕기 전에 먼저 자신이 산소마스크를 쓰도록 하고 있다. 자신을 챙겨야 비로소 다른 사람을 돌볼 수 있기 때문이다. 마찬가지로 먼저 스스로를 공감해야 다른 사람을 공감할 수 있다. 관계에 있어 공감은 가장 중요한 요소 중 하나이다. 사람들은 누군가로부터 자신의 마음을 이해받았다고 느낄 때, 비록 그 문제가 해결되지 않더라도 위안을 받게 된다.

상대방의 마음을 공감해 주는 것처럼 자신의 마음을 공감해 주면 직접 한 행동이나 말에서 자신이 원하는 숨은 욕구를 발견할 수 있게 된다. 내가 원하고 있는 것, 내가 중요하게 여기는 삶의 가치를 발견할 수 있는 것이다. 또 다른 사람의 말이나 행동에서도 어떤 느낌과 욕구 때문에 그러한 행동과 말을 하게 되었는지에 대해서도 공감할 수 있게 된다.

서로의 욕구에 대해서 알고 이해하게 되면, 상대를 배려하면서 행동할 수 있게 되는 여유가 생기게 되는 것이다.

"이게 우리랑 무슨 상관이야? 당신은 나보다 이런 연예인 기사가 더 중요해?"라는 말을 남편에게 했다고 가정해 보자. 남편은 내 눈치를 보거나, 자신도 일하느라 피곤한대도 불구하고 주말마다 당신과 아이를 보느라 집에 꼬박꼬박 내려오는데 왜 화를 내느냐고 언성을 높일 수도 있다. 전자든 후자든 모두 내가 원하는 상황이 아니다. 주말 동안 남편과 아이와 함께 즐거운 시간을 보내는 것이 내가 진정 원하는 것이다. 자기공감을 통해 내가 원하는 것이 무엇인지를 인지하게 되면 남편에게 내 마음을 몰라주는 철딱서니 없는 사람이란 꼬리표를 달아놓고 마음 한구석으로 밀어놓는 것이 아니라 내가 원하는 마음을 담아 부탁할 수가 있다.

"이번 주 준이가 밤에 몇 번씩이나 깨는 바람에 내가 얼마나 힘든 나날을 보냈는지 알아요? 나는 당신에게 그 이야기를 하면서 위로받고 싶어요."

만약 내가 남편에게 화난 마음을 가진 채 주말을 보내버렸다면 남편은 집이 점점 불편해져 버릴 것이고, 나 또한 남편이 오는 주말만 내내 바라보고 있었음에도 불구하고 마음은 지옥이 되어 버릴 것이다. 그리고 이렇게 만든 자신을 비난하며 괴로운 시간을 보내게 됐을 것이다.

이렇듯 상대방을 공감해주는 것만큼이나 자기공감이 중요하다.

"오늘 하루 종일 아이와 놀아준다고 많이 힘들었지."

"오늘 많이 지쳤지."

"하고 싶은 대로만 하려는 아이 때문에 많이 피곤했지만 그래도 잘했어."

지치고 힘든 하루를 보냈을 때 누군가에게 충분히 위로받으며 펑펑 울고 나면 속이 시원해질 것 같지만 마땅히 함께할 사람이 없다면 자기 자신에게 공감해주자. 듣고 싶었던 위로의 말을 스스로에게 들려주는 것이다.

오늘 어떤 하루를 보냈나요?
나에게 해주고 싶은 따뜻한 한마디, 내가 듣고 싶었던 위로의 말들을 적어 보세요.
1. 내가 스스로에게 해주고 싶은 따뜻한 한마디는?

2. 남편에게서 듣고 싶은 따뜻한 한마디는?

3. 아이에게서 듣고 싶은 따뜻한 한마디는?

4. ○○에게서 듣고 싶은 따뜻한 한마디는?

5. 10년 뒤의 내가 '지금의 나'를 본다면 어떤 말을 해줄까요?
아마 '잘하고 있어. 넌 최선을 다하고 있어. 괜찮아'란 말이 아닐까요?
그 말을 지금 자신에게 해주세요.

09

마음 돌보기 3:
남 눈치 보는 건 이제 그만!

'날 어떻게 생각할까?', '이런 말 해도 괜찮을까?', '날 이상하게 보지 않을까?'

우리들은 다른 사람의 시선에 자꾸 신경이 쓰여 정작 자신이 하고 싶은 말이나 행동을 선택하지 못할 때가 많다. '괜찮은 사람' 혹은 '좋은 사람'으로 인정받기 위해서 자신의 본심을 숨기고 상대방에게 맞추기 위해 애쓰기도 한다. 그리고 다른 사람들로부터 거절당하거나 거부당했다고 느끼면 상처받고 그러면서도 겉으로는 아무렇지도 않은 척한다. 혹은 먼저 관계를 끊어버리기도 한다.

외롭고 슬플 때가 있지만 안 그런 척 웃으며 지낼 때도 있다. 또 누군가와 비교하는 걸 즐기고, 가까운 사람의 성공에 온전히 축하하지 못하며 그 사람에 대한 흠집을 찾아내 끌어내리려 한다. 그 사람이 내려온다고 내가 올라가는 것도 아닌데 말이다. 많은 사람들이 매번 잘하고 있다고, 괜찮다고 칭찬받고 지지받아야만 안심이 되어 하는 일에 십분 능력을 발휘하고, 만일 그렇지 못하면 자신이 잘하고 있는지 불안해하고 위축된다. 이런 일들은 감정적으로 에너지가 많이 소모된다. 마음의 여유를 잃어버리게 만드는 주요 요인이다.

우리는 사회적 존재이기 때문에 여러 단위의 공동체를 구성하여 구성원으로 살아간다. 그런데 내 가족에게 하는 것처럼 사회에 나가서 행동할 수 있는 사람이 몇이나 될까? 또한 조금은 튀는 말이나 행동을 하는 사람에게 '3차원', '4차원'이라는 별칭이 붙곤 한다. 그래서 나의 튀는 행동들이 주변 사람들에게 불편을 초래해 혹시 따돌림을 당하지는 않을지 걱정하기도 한다. 일반 사람과 다르다는 것, 사회적 집단이 요구하는 양식에서 벗어나 있다는 것을 편안하게 받아들일 수 있는 사람이 얼마나 될까?

나는 다른 사람으로부터의 인정이 정말로 중요한 사람이었다. 그것은 나의 존재감, 나를 중요하게 여기게 되는 척도였다. 인정을 밖에서 구해 채우다 보니 1회성만으로는 충분하지 않고 매번, 늘, 언제나, 그것이 필요했다. 사람들은 인정을 밖이 아니라 안에서 구해야 한다고 말했다. 다른 사람들이 나를 중요하다고 여겨주기 때문에 내가 중요한 것이 아니라, 내가 나를 중요하고 가치 있게 여겨야 하는 것이라고! 주변에 흔들리지 않아야 한다고!

이런 비슷한 말들을 여러 책에서 보고 그리고 몇몇 분들에게서 조언을 받았다. 나도 충분히 알겠다. 인정은 밖이 아니라 안에서 구해야 한다는 걸! 하지만 나는 그것이 대체 어떡해야 가능한지 어떤 방법을 익히면 그것이 되는지 도무지 알지 못해 답답했다. '우리 개개인은 우주에서 단 하나뿐인 특별하고 가치 있는 존재'라고 하지만, 솔직히 말해 그 말이 내게 큰 위안이 되지는 못했다.

이 세상을 혼자 살아갈 수는 없다. 최소한의 공동체인 가족과 함께하고 학교, 직장 등 사회에서 맺는 공동체도 있다. 우리는 누군가와 연결된 삶을 살아가기 때문에 타인의 인정에서 자유로워지기란 쉽지 않다. 다른 사람의 평가는 우리에게 중요한 영향을 미친다.

다만 다른 사람이 내게 하는 평가나 인정을 피드백으로만 볼 수 있어야 한다. 그 피드백을 받아들이냐 마느냐는 나의 선택에 대한 문제다. 우리는 그것을 거부할 힘을 기르는 것이 중요하다. 타인의 말에 휘청거리며 끌려다니는 것이 아니라 그것을 선택하고 그리고 거절할 수 있는 힘을 기르는 것이다. 다른 사람에게 인정받기 위해서가 아니라 삶을 풍요롭게 만들기 위해서 자신의 행동을 선택할 수 있을 때 진정 자유로워질 수 있다.

아프리카에서는 정화된 물이 없어 많은 사람들이 질병에 시달린다. 몸에 좋지 않다는 것을 알면서도 그 물을 마신다. 일단 눈앞에 닥친 갈증을 해결하는 것이 시급하기 때문이다.

인정도 마찬가지다. 인정에 목말라서 아무 물이나 마시다간 건강한 자아상과도 한 발 더 멀어진다. 다른 사람의 말 한마디에 나의 자존감이 널뛰기를 하게 된다. 천국과 지옥을 오간다. 하지만 나 자신을 스스로 인정하고 타인의 말이나 평가에서 자유로워진다는 것이 말처럼 쉽지 않다. 만약 그것이 쉽게 된다면 나도 지난날 많은 시간을 고통 속에서 이것을 극복하기 위해 힘든 노력의 시간을 보내지도 않았을 것이며, 어쩌면 지금 이 글을 쓰고 있는 나 또한 상상하기 어려울지도 모른다.

어느 날 갑자기 자존감이 확 올라가지는 않는다. 배움의 과정을 나선형에 비유하듯이 조금씩 조금씩 젖어들다 보면 어느 시점과 과거의 나를 놓고 봤을 때 큰 차이를 보게 될 것이다.

나도 아직 서툴다. 천국과 지옥을 오가며 여전히 사람들의 시선을 의식한다. 다만 이전과 달라진 점이 있다면 알아차릴 수 있다는 것이다. '아, 내가 다른 사람들의 인정을 중요하게 생각하고 있구나' 하고 오른손으로 내 가슴을 토닥토닥 해주며 중얼거린다. 알아차리는 것만으로 지옥으로 가는 직행 열차에서 내릴 수 있게 된다. 내 안에서 일어나는 감정의 이면에 있는 욕구를 알아차리는게 이래서 중요한 것이다.

내 안에는 9살 어린아이가 살고 있다. 이 아이는 어른들의 인정에 목말라하고 있다. 무조건적인 수용과 칭찬을 충분히 받지 못했기에 시시때때로 그 아이가 깨어난다. 하지만 이제는 그 9살 아이가 일어났음을 내가 알아차린다. 그리고 꼭 끌어안아주고 토닥여준다. 그래, 그래, 네가 또 일어났구나.

네가 인정이 필요하구나 하고.

엄마가 다른 사람의 시선에 민감하고 인정에 대한 갈증이 크면, 아이를 사회적 집단 양식의 기준에 맞춰 바라보며 그 안에 하나하나 끼워 맞추려고 애쓰게 된다. 아이가 그 누구와도 닮지 않은 '특별한' 사람임을 부인하고, 주변의 다른 아이들과 닮기를 원하게 될지도 모른다. 끊임없는 비교를 통해서 말이다. 나는 내 아이가 본연의 색을 잃지 않고 그 자체로 성장할 수 있도록 지원해 줄 수 있는 엄마가 되고 싶다.

우리는 사람들의 표정, 행동, 말을 보거나 듣고 마음대로 해석하는 습관이 있습니다. 얼른 이것을 고쳐야 합니다.
"내가 저 사람한테 물어봤어?"
"아니."
"그럼 나 저 사람 마음 모르잖아."
"그럼 이렇게 생각하지 말자."
다른 사람의 표정, 행동, 말을 보고 마음대로 해석하고 평가 내리지 마세요. 그에게 직접 물어봐 확인하지 않는 한 알 수 없는 노릇입니다. 우리가 얼마나 무의식적으로 이런 일들을 하고 있었는지 자각하고, 그럴 때마다 그 상황에 대해 관찰과 해석으로 구분해서 적어보세요.

–해석: 회의시간에 내 의견이 무시되었다. 내 의견에 아무도 관심을 가지지 않았다.
–관찰: 내가 의견을 발표하고 난 뒤 아무도 질문을 하거나 이의를 제기하지 않았다.
–관찰에 근거한 자기부탁: 다음부터는 발표 후 내 의견이 어땠는지 물어봐야겠다.

'우리가 더 없이 행복을 느끼기 위해서는 다른 사람이 나를 어떻게 생각할까 하는 생각을 내려놓아야 한다.' –조지프 캠벨

10

마음 돌보기 4:
자신을 따뜻하게 대할 수 있는 사람이
다른 사람에게도 너그럽다

두 살배기 아이가 물이 담긴 컵을 들고 일어서다 물을 쏟았다면, 우리는 어떻게 행동할까? 아니 어떻게 행동하고 싶은가? 아이를 다그치며 "물이 담긴 컵을 쥘 때는 조심하라고 했지!"라고 주의를 주고 행동에 대한 잘잘못을 운운하겠는가? 아니면 "아유, 물을 쏟았구나. 준이 괜찮아? 옷 안 버렸어?" 하고 아이에 대한 배려와 걱정을 먼저 하고 싶은가? 아마도 대다수의 엄마가 후자를 택할 것이며, 고작 두 살인 아기를 야단치고 훈계하는 엄마는 많지 않을 것이다.

아이의 나이를 좀 더 올려보자. 초등학교 5학년쯤 된 아이가 반 아이들 앞에서 발표를 잘 못했다며 풀이 죽어 있다. 그 아이에게 어떤 말을 해주고 싶은가? 아마도 “오늘 발표를 기대했던 것만큼 잘 하지 못해서 많이 속상하구나. 친구들이 우리 ○○이를 못났다고 생각할까봐 걱정돼?”라고 아이의 감정을 읽어주고, 이내 “괜찮아. 누구나 사람들 앞에 서면 떨려. 엄마도 그런걸” 하고 아이를 안심시켜 주고 토닥여 줄 것이다. 이 아이가 더 나이를 먹었다고 해도 우리는 아이를 채찍질하고 야단치기보다는 보듬어주고 위로해주고 싶을 것이다.

하지만 만약 우리가 아이와 똑같은 상황을 겪게 된다면 어떨까. 직장 내 프레젠테이션을 하고 나서 사람들의 질문에 제대로 답변을 하지 못하고 쩔쩔매는 경험을 하게 된다면 ‘사람들이 날 대체 어떻게 보겠어?’, ‘나란 인간은 이 정도밖에 안 돼’ 등의 말들을 쏟아내며 스스로를 쥐어박고 못살게 굴 것이다.

자신과 똑같은 실수를 친구나 다른 직장 동료가 했다면 ‘사람인데 그럴 수 있지. 괜찮아. 다음에 똑같은 실수 안 하면 되지. 너무 신경 쓰지 마’ 하고 위로할 것이다. 타인에게는 관용을 베풀면서 우리는 자신에게 너무 가혹하고 냉정하다.

사람들은 어린 시절에 벌을 받았던 방식대로 자기에게 벌을 준다. 부모가 나를 대했던 방식으로 내가 나를 대하는 것이다. 어렸을 때 우리 아버지는 센 비난의 말로 나를 혼내곤 했다. 어려운 환경을 극복하고 자수성가하셨던 아버지는 늘 ‘노력과 성실’을 강조하셨다. 그러다 보니 커서도 결과가 좋지 못하거나 무언가가 잘못되면 늘 자신을 탓하게 되었다. 나와 관련된 어떤 일이 잘못되어가고 있으면 겉으로는 다른 사람을 비난하면서도 마음속으로는 모든 게 '내 탓'인 것만 같아 불안하고 초조했다. '좀 더 잘했더라면, 좀 더 다르게 행동했더라면 분명 잘되었을 텐데'라는 아쉬움은 상황을 객관적으로 보지 못하게 만들었다.

자기 자신을 어떻게 대하고 있는지를 살펴보면 같은 상황에서 상대방을 어떻게 대하는지 알 수 있다. 앞서 말했듯 우리는 가장 편안하고 안전하다고 생각하는 상대에게 자신을 대하는 방식으로 대하게 된다.

최근에 들어서야 남편을 나 자신을 대하는 방식으로 대하고 있다는 것을 발견했다. 너무나 높은 기준을 설정하고 그 기준에 완벽하게 도달하지 못하면 남편을 닦달하고 있었다.

나는 물컵을 놓쳐버려 순간 당황한 남편을 보며 날선 목소리로 "그러게, 조심 좀 하라니깐!" 혹은 "컵을 왜 거기다 뒀어!!"라고 다그치기보다는 이미 엎질러진 물, "괜찮아? 옷 안 버렸어?"라고 물어봐주며 쏟아진 물을 닦을 수건을 가져다주는 사람이 되고 싶다.

다음 순서는 내 아이가 될지도 모른다. 아이의 장점을 칭찬하기보다는 단점을 드러내 이리 보고 저리 돌려 보며 아이를 다그치고 초조해하는 엄마가 될지도 모른다고 생각하니 끔찍하다. 자신을 비판하고 평가·판단하다 보면 자존감이 낮아지고 자꾸 위축되어가듯 내 아이를 그렇게 만들까봐 겁이 난다.

부모가 아이에게 "괜찮아. 괜찮아. 실수해도 괜찮아"라고 말해준다면 나중에 아이가 자라 혼자가 되어 더 이상 곁에서 "괜찮아"라고 말해 주는 사람이 없더라도 스스로 자신에게 "괜찮아. 괜찮아"라고 말해줄 수 있다.

우리는 아이를 대하는 혹은 대하고 싶은 방식으로 나 자신도 대할 수 있어야 한다. 자신을 따뜻하게 대할 수 있는 사람은 다른 사람의 실수나 잘못에도 너그러워지기 쉽다. '~했었어야 해'라는 생각으로 지나간 시간을 후회하며 자책하고 괴로워하고 있다면 자신의 행동이나 선택에 어떤 아쉬움이 있는지 찾아보자. 스스로를 울적하게 만들었던 비난에서 숨은 욕구를 발견하게 되면 무엇을 원하는지에 집중할 수 있게 된다. 자신이 원하는 것이 무엇인지에 집중하면 다른 말과 행동을 선택할 수 있는 마음의 여유를 가질 수 있게 된다.

그리고 또 하나. '나는 이 정도밖에 안 돼', '나는 어쩔 수 없어'라는 자책이 아니라 '그래, 다시 해보자', '그래, 잘될 거야'라고 생각할 수 있는 힘이 길러진다는 것!

자신을 비난하며 지나간 순간을 후회하고 있는 모습 이면에는 아쉬움 가득한 내가 자리하고 있다. 그러나 아쉬움에 머물지 않고 내 기대와 욕구를 본다면, 자신을 비난하고 있는 작은 나보다는 한발 성장하고 성숙하고자 하는 더 큰 나와 만날 수 있을 것이다.

자신에게 무조건적인 친절을 베풀어 주세요.
자신에게 부모가 되어 주세요.
아이를 대하듯 무조건 "괜찮아. 괜찮아. 괜찮아. 넌 잘하고 있어"라고 말해 주세요.
이 세상에 누가 매번 이렇게 말해줄 수 있겠어요?
"실수해도 괜찮아."
"잘못해도 괜찮아."
"괜찮아, 괜찮아."
"넌 잘하고 있어."

11

엄마가 자신을 사랑해야 아이들도 잘 자란다

주말부부였던 나는 15개월의 육아휴직기간 동안, 주중에는 온전히 혼자서 아이를 돌봐야 했다. 가끔 시어머니가 저녁에 들러 아이가 잠들기 전 한 시간 정도 아이와 놀아주는 시간이 있었지만 그래도 아이를 돌보는 일은 온전히 내 몫이었다.

당시에는 힘들어도 막상 지나고 나면 아름다운 추억으로 남는 일들이 대부분이겠지만, 나는 자신 있게 말하건대 아이와 함께 참 '건강한' 시간을 보냈다. 아이를 돌보며 동시에 나 자신도 돌봤다. 우리 아이는 저녁 8시면 밤잠에 드는데 이때부터 나는 커피 한 잔을 마시며 새로운 하루를 시작했다. 바로 책을 읽으며 나를 성찰하는 시간! 새벽 1~2시가 되어서야 잠자리에 들었다. 그 중간중간 아이가 깨 어차피 자다 일어나야 한다는 생각에 일부러 자지 않게 된 것이 이렇게 나를 돌아보는 시간을 가지게 된 것이다.

나를 돌보면서 얻은 가장 큰 이점은 감정이란 놈의 정체를 알게 된 것이다. 이는 내 감정에 대한 책임을 다른 사람에게 돌리지 않고, 다른 사람의 감정 또한 내가 책임지지 않아도 된다는 것을 알게 해주었다. 내 감정과 다른 사람의 감정을 분리할 수 있게 된 것이다.

감정적 소진으로 몸과 마음이 지쳤을 때, 가장 귀한 가족에게 소리치고 짜증 부렸던 지난날의 내 모습이 떠오른다. 뾰족하게 가시 돋은 말투로 "나 건드리지 마" 하고 내 방에 틀어 박혀 있거나 내 기분을 알아서 맞춰주지 못하는 신랑에게 혼자 토라져 있기도 했다.

화가 나거나 울적할 때는 상대에게 내 감정을 말하고 원하거나 부탁하고 싶은 것을 표현하기보다는 9살 어린아이로 돌아가 상대가 나의 마음에 대해서 다 알고 알아서 해주겠지 하는 혼자만의 믿음을 품었다. 내가 무엇 때문에 화가 나거나 기분이 나쁜지 모르는 남편의 행동에 화가 더해져 결국 처음의 일보다는 남편에 대한 미움이 더 커질 때도 있었다.

〈알아차림 그 후〉

1. 감정에 대한 책임이 나에게 있다는 걸 알게 되었다.

그것은 온전히 나만의 것이었다. 아이 '때문에' 힘든 게 아니라 나에게 휴식의 욕구가 필요해서 피곤한 것이었음을 알게 된 것이다. 괜히 남을 원망하고 신세 한탄하며 지내는 시간이 줄었다.

그리고 '엄마 싫어!'라고 말하는 아이의 말에 상처받고 화가 나 똑같이 '엄마도 너 싫어'라고 말하며 토라지기보다 아이의 감정에 집중할 수 있는 힘이 생겼다.

2. 엄마의 역할을 잘할 수 있으리라는 믿음과 자신감이 생겼다.

아이가 커가면서 엄마도 새로운 도전과제를 만나게 될 것이다. 앞으로가 더 힘들 수 있지만 아이의 행동 하나하나를 분석하며 애착이 잘못됐을까 봐 혹은 성장이 느릴까봐 초조해하고 걱정하던 모습에서 벗어나 아이를 믿고 기다릴 수 있는 여유가 생겼다.

또한 아이가 자라는 순간순간의 기쁨과 환희를 느낄 수 있어서 감사하다. 나는 아이가 커가는 모습이 한없이 아쉬웠다. 날마다 변하고 성장하는 아이의 모습을 지켜볼 수 있음에 감사하고 또 감사했다. 아이를 키우며 감사함을 가질 수 있었던 것 또한 나를 돌보고 나서 가능했던 일이다.

3. 나 자신을 바라보는 태도가 변했다.

이전에는 생각하거나 원하는 대로 일이 진행되지 않았을 때 '나는 왜 이것밖에 안 돼?'라는 생각에 좌절하고 우울해지곤 했지만, 이제는 '내가 생각하는 대로 되지 않으니 힘이 빠지고 우울하네'라고 감정을 인정한다.

'지금 내가 우울하고 처지네? 무엇 때문일까?' 하고 그 감정 뒤에 숨은 실현되지 않은 나의 욕구에 집중한다. 혼자 있을 때 곧잘 우울함에 빠지곤 했던 나는 욕구에너지와 연결하려 노력하면서 힘을 얻을 수 있게 되었다. 우울한 감정 속에 빠져 허우적대던 옛날과는 이제 안녕이다!

그렇다고 내가 전혀 우울한 시간이 없다는 것은 아니다. 다만 더 잘 빠져나올 수 있게 되었고 그 시간이 줄어들었다는 것! 그래서 아이와 함께하는 시간도 더 소중하게 보낼 수 있게 된 것이다.

늪에 빠졌을 때 늪에서 나오려고 발버둥 치는 사람의 동영상을 본 적이 있다. 나오려고 발버둥 치면 칠수록 점점 더 늪 속으로 빨려 들어갔다. 그렇다면 어떻게 해야 늪에서 빠져나올 수 있을까? 늪에 안긴다는 기분으로 누워야 한다. 마음을 비우고 늪에 몸을 맡기고 누워야 한다.

우울하면 우울한 걸 인정해야 한다. 그래야 빠져나오는 게 쉽다. 우울한데 우울하지 않는 척하는 것은 자신의 감정을 속이는 것이기 때문에 에너지가 더 쓰인다. 나는 그것을 '척' 에너지라 부른다. 우리는 '척' 하는데 너무나 많은 에너지를 쓰고 있다. 외롭지 않은 척, 겁나지 않은 척, 쓸쓸하지 않은 척 등. 우리는 다른 사람들의 눈에 내가 괜찮지 않은 사람으로 보여질까봐 두려워 '척'을 하며 산다.

출산 전 많은 기혼 여성들이 막연하게 하는 걱정이 있다. 바로 아이가 태어나면 내 인생이 끝날 것 같다는 두려움. 나 또한 그랬다. 가고 싶은 곳도 하고 싶은 것도 많았던 나는 아이가 태어나면 그 모든 것을 이제 할 수 없다는 생각이 들었다.

사실 아이가 태어나고 처음 두세 달 동안은 너무나 힘들었다. 체력도 회복되지 않았고 밤잠을 계속해서 잘 수 없었던 고통은 나를 더 빨리 지치게 했었다. 그래서 하고 싶은 것도 가고 싶은 곳도 없는 상태가 된 적이 있었다. 아마 그런 고차원적인 욕구보다는 일단 먹고 자는 문제가 우선이었던 시기였을 것이다.

하지만 지금은 내 인생을 더 반짝반짝 빛나게 해주는 이가 바로 아이다. 아마 아이가 없었더라면 나에 대한 이해를 해보려는 시도조차 하지 않았을 테고 불편한 감정은 불편한 대로 다들 이렇게 사나보다 하며 넘겨버렸을지도 모른다. 아이는 말 그대로 내 삶의 축복이다. 아이를 낳기 전에는 내 인생이 없어질까 걱정했었는데, 아이와 함께 더 빛나는 내 삶이 만들어져 가고 있다. 또 다른 인생이 펼쳐지고 있다.

이처럼 우리가 삶을 바라보는 관점은 '스스로가 자신을 어떻게 보고 있는지'에 따라 크게 영향을 받는다. 자신을 사랑하고 인정할 때 우리 안에 긍정적인 에너지가 만들어지고, 그 힘은 아이를 키우는데 많은 도움을 준다. 그뿐만 아니라 무엇이든 그대로 보고 따라 배우는 어린아이에게 그 에너지의 일부가 스며들어 성장의 자양분이 될 것이 분명하다.

나만의 힐링리스트를 만들어 보세요.
너무나 사랑스러운 아이지만, 하루 종일 일주일 내내 혼자서 아이를 돌보는 것은 분명 몸과 마음의 에너지가 축나는 일이에요. 에너지를 충전할 수 있는 자신만의 힐링법을 확보하세요.

〈다른 엄마들의 힐링법〉
1. 아이가 어렸을 때 안겨서만 잤기 때문에 아기띠를 한 상태에서 기분 전환을 할 수 있는 방법을 찾아야 했어요. 그래서 아이가 자는 시간에 맛있는 커피 한잔을 마시며 유쾌한 프로그램을 보는 것으로 힐링했어요.
2. 아이와 함께 있을 땐 저도 아이가 됐어요. 신나는 노래를 가사를 바꿔 불러대고 춤을 췄어요. 노래로 말하면 아이가 더 좋아했고 저도 덩달아 기분이 좋아졌어요. 평가받지 않고 엄마라는 존재로만 봐주는 아이 덕분에 정말 신나게 노래를 부르고 춤을 출 수 있었어요.
3. 아이가 8개월 무렵, 토요일 오전에 남편의 지원을 받아 캘리그라피(손글씨 쓰기)를 배웠어요.
4. 일주일에 최소 하루는 남편이 아이와 단둘이 잤어요. 엄마들도 하루쯤은 편히 자야죠!

주어진 여건 속에서 자신이 할 수 있는 방법을 찾아보세요. 무조건 카페를 가거나, 외출해야 된다는 생각은 더 큰 스트레스를 불러오지요. 저는 더치커피를 사다 놓고 마셨답니다. 그리고 남편 등 가족의 지원을 적극적으로 요청하세요.

chapter 3

버럭맘 처방전 2:
엄마의 언어습관 체크

01

엄마의 말을 먹고 자라는 아이의 자존감

지난 토요일 오후 집 앞 대형마트에 남편과 아이와 함께 장을 보러 갔다. 아이가 좋아하는 바나나와 치즈를 비롯해 우리 부부가 주말 동안 먹을 주전부리를 구입하고 때늦은 점심을 때울 참이었다. 식료품 코너에서 장을 보고 곧장 아래층에 있는 푸드 코너로 갔다. 점심시간이 조금 지나긴 했지만 토요일 오후 대형마트 내 푸드 코너에는 많은 사람들이 북적거려 소란스러웠다.

주문이 밀려 음식이 나오는데도 평소보다 시간이 길어지고 있을 때, 우리 바로 뒤 테이블에 한 가족이 와서 자리를 잡았다. 서너 살쯤 되어 보이는 남자아이와 아직 돌도 지나지 않은 갓난아이를 아기띠로 안고 있는 엄마, 그리고 한가득 장을 본 카트를 밀고 온 아빠 이렇게 네 식구였다. 여기저기서 웅성대는 소란스러움에도 불구하고 바로 뒤 테이블에 앉은 엄마, 아빠가 서너 살쯤 되어 보이는 아이에게 하는 말들이 선명하게 들렸다. 그 말들은 내 가슴을 아프게 파고들었다.

"일어나지 마."

"가만히 앉아 있어."

"돌아다니지 말라고 했지!"

부모의 제지에도 불구하고 그 아이는 자리에 가만히 앉아 있지 못하고 일어나 정수기를 살펴보기도 하고 다른 테이블 사이를 오가기도 했다. 세 번쯤 되었을까? 그 아이의 아빠는 마침내 이렇게 말했다.

"한 번만 더 돌아다니면 다시는 안 데리고 나올 줄 알아!"

가만히 지켜보던 엄마가 한마디를 거든다.

"너 때문에 내가 못살아!"

아이는 더 이상 의자에서 일어나지 않았다. 부모의 전략이 성공한 셈이다. 아이가 의자에 얌전히 앉아있었으면 하는 부모의 바람은 실현되었지만 그것보다 더 중요한 아이의 마음은 어땠을까? 아이의 욕구가 무시될 때 느끼게 되는 감정은 아마 어른인 우리가 느끼는 것과 비슷할 것이다. 아이라고 느끼는 감정마저 작고 보잘것없다고 여겨선 안 된다.

부모가 원하는 대로 아이가 가만히 있지 않아 화가 났던 것처럼, 아이도 움직이고 싶은 욕구가 좌절되어 화가 날 것이다. 힘에 눌려 그 화를 아이는 겉으로 표출하지 못했을 뿐이다. '존중'이라는 것은 아이의 감정과 욕구에 공감해 주는 것에서 시작한다.

우리는 누구보다 친절하게 대해야 할 가족에게 서로를 비난하고 상처 주는 말들을 하며 산다. 남들에게 하지 못할 말과 행동을 가장 사랑하는 가족에게 하고 있는 우리 모습을 발견할 때마다 너무나 마음이 아프다.

아동학대와 관련된 기사에서 언급되는 것과 같은 신체적 폭력을 행사하는 집은 아마 드물 것이다. 하지만 대다수의 가정에서 언어폭력이 무의식 중에 행해지고 있다. 문제는 그게 폭력적인지도 모른다는 사실이다.

어렸을 적 부모의 말 한마디와 행동이 우리들의 자존감에 영향을 미쳤듯이, 나의 말 한마디와 행동이 아이의 자존감에 영향을 미친다. 아이의 행동에 제재를 가한 부모는 아마도 사람들이 많아 복잡한 공간에서 아이가 혼자 돌아다니다 다치기라도 할까봐 걱정되어 한 말인지도 모른다. 아이의 안전을 염려하는 강한 마음을 거친 표현에 담았을 것이다. 하지만 아이는 아마 그런 부모의 마음을 알지 못했을 것이다.

우리는 아이를 키우며 내가 옳다고 생각하는 것들을 아이에게 강요한다. 아이를 사랑하기 때문이라고 말하지만 그 속을 들여다보면 실은 자신이 원하는 것이기 때문인 경우가 많다. 순전히 우리의 마음이 편하고자 아이에게 그렇게 행동했던 것이다.

나는 '강하고 거칠게' 말하지 않고 조금 다르게 표현해도 아이들이 충분히 알아들을 수 있다고 믿는다. "몰라서 그렇지. 우리 애들은 안 돼! 내가 소리를 몇 번 질러야 말을 듣는다니깐"이라고 말할 수도 있겠다. 정말 모르는 건 자신이 어떤 생각을 가지고 아이에게 소리를 지르고 있는지 모른다는 것이다. 앞뒤 설명 없이 무조건 "일어나지 마"라고 소리친다면 아이가 받아들이기 힘들다. "네가 뛰어다니다 부딪쳐 다치기라도 할까봐 걱정돼"라고 아이가 가만히 앉아 있기를 바라는 말속에 숨어 있는 의도를 설명해주어야 한다. 그렇지 않으면 일방적인 명령에 불과하다.

흔히 부모들이 "내 자식이지만 내 마음대로 안 된다"라는 말을 한다. 아이는 엄마 몸을 통해 이 세상에 왔지만 그렇다고 내 마음대로 해도 되는 존재는 아니다. 아이는 자신만의 감정과 욕구를 지닌 하나의 인격체다. 많은 부모들이 아이를 사랑하지만 존중의 대상으로는 보지 않는 현실이 안타깝다.

한편 우리는 중요하다고 생각하는 것을 상대가 꼭 알아줬으면 하는 마음에서 하지 않아도 될 표현을 강조하기도 한다. 자신의 불만을 표현하는 것만으로 그 뒤에 숨은 자신의 부탁을 상대방이 이해했으리라고 생각하고, 그 표현의 정도가 강할수록 자신의 불만과 본인이 얼마나 그것을 간절히 원하는지를 반영하고 있다고 생각한다.

일상생활에서 우리는 이런 일을 흔하게 경험한다. 퇴근 후 집으로 돌아왔을 때 아이가 숙제를 해놓지 않고 컴퓨터를 하고 있으면 부모는 으레 아이에게 이렇게 말하곤 한다.

"하루 종일 컴퓨터만 하고 있구나!"

아이의 행동에 화가 많이 나 있음을 알리기 위해서 '하루 종일'이라는 과장된 표현을 사용한다. 그 이면에는 아이의 행동에 대해 화가 나 있는 정도가 크다는 것을 아이가 알고 컴퓨터를 하지 않았으면 하는 욕구가 담겨 있는 것이다. 하지만 둘 사이의 관계만 나빠질 뿐 이런 표현방법으로는 결코 부모가 원하는 바를 아이가 알아주지 못한다.

"엄마가 퇴근 후 돌아왔을 때 네가 컴퓨터를 하고 있어서 걱정됐어. 숙제를 하지 않고 컴퓨터만 하고 있는 것 같단 생각이 들어 속상했어. 넌 어떻게 생각해?" 대화의 목적은 부모의 '일방적인 명령이나 지시'가 아니라 '관계'에 초점을 맞춘 존중의 대화여야 한다.

자라온 환경과 사고방식이 고스란히 담기는 것이 바로 언어이다. 언어는 그 사람이 나고 자란 환경이 반영된다. 나는 직장 동료 중 한 사람이 말을 참 못되게 한다는 이유로 미워한 적이 있었다. 똑같은 말이라도 '아' 다르고 '어' 다른 법인데 그는 상대방을 낮추며 말하는 습관이 있어서 대화하고 나면 기분이 나빠지곤 했었다. 그와 함께 일하는 같은 부서 사람들이 그 사람에 대해 내린 결론은 바로 "원래 그렇다"였다. 나한테만 특정된 것이 아니라 다른 사람과 이야기할 때마다, 그 사람의 나고 자란 환경에서 학습된 사고방식과 문화가 그대로 그의 말에 드러나고 있을 뿐이었다.

미국이나 영국에서 태어났다면 영어를 자유자재로 쓸 것이다. 중국에서 태어나 자랐다면 중국어를, 일본에서 태어나 자랐다면 일본어를 자연스럽게 쓸 수 있다는 것은 누구나 다 안다. 말은 글과 다르게 생활 속에서 보고 배우며 자연스럽게 터득되는 것이다. 어떤 대화방식, 어떤 표현방식을 쓰고 있는지는 내가 어떻게 보고 자랐는지에 따라 달렸다.

우리가 어떤 대화방식을 사용하고 있는지 아는 것이 중요하다. 그 안에는 삶을 대하는 태도가 반영되어 있으며, 무엇보다 알아야 고칠 수 있기 때문이다. 대수롭지 않게 툭 던진 말에 상처받았던 기억을 누구나 가지고 있다. 특히나 아이를 낳고 키우며 한창 신경 쓸 게 많은 엄마들이 시어른들이 툭툭 던진 말에 상처받는 경우가 많다. 그 말속에 다른 의도가 없다는 것을 머리로는 이해해도 기분이 나쁘고 마음이 상하는 것은 어쩔 수 없다. 아이에게도 마찬가지다. 아이의 입장에서 기분이 나쁘고 마음이 상할 수 있는 말을 나도 모르게 툭 던지고 있을지도 모른다.

많은 사람들이 어렸을 적 부모의 폭력적인 대화에서 상처를 받고 또 그것을 자신의 아이에게 답습하기 쉽다. 이는 자신의 말이 아이에게 어떤 영향을 미칠지에 대해서 진지하게 고민해 본 일이 없기 때문이다. 이제라도 내 아이가 어떤 방식으로 사람들과 이야기하고 관계를 맺어나가길 원하는지 잘 생각해보자. 엄마의 언어습관은 아이의 삶의 태도에 그대로 반영된다.

이번 장에서는 대화방식에 대해서 알아볼 것이다. 어떤 표현방식을 자주 쓰고 있는지 자신의 대화패턴을 살펴보도록 하자. 해로운 걸 해로운지 모르는 것만큼 위험한 것도 없다. 반면 문제를 알고 문제로 인식하면 변화할 수 있는 힘, 나의 행동을 선택할 수 있는 힘이 생긴다.

02

아이의 행동에 화가 나고 짜증이 날 때

아이와 함께 하다보면 종종 아니 자주 아이에게 화가 난다는 엄마들이 있다. 대부분의 엄마들이 "엄마는 아이에게 화를 내선 안 돼!"라고 생각하며 꾹꾹 눌러 참다 어느 순간 감정이 폭발해 아이가 방금 한 행동에 비해 크게 화를 내고 후회하는 일을 반복한다.

아이에게 화가 날 때 정말 화를 내선 안 되는 것일까? 사람들은 화란 부정적인 감정이기에 화를 내는 건 나쁘다고 생각한다. 특히 아이에게 화를 내는 건 어른답지 못한 미성숙한 감정표현이라 여긴다. 하지만 모든 감정은 자연스러운 것이다. 화가 나는 건 나쁜 게 아니다. 어떻게 표현하는지가 중요한 것이다. 주변을 보면 화가 난 감정에 대해서 표현하는 대신 아이를 비난하고 평가하는 경우가 많아 안타깝다.

"엄마는 ○○이 중요하기 때문에 화가 나!"

이렇게 감정을 표현하는 대신 "너 같은 건 데리고 다니지 말아야 해!" "넌 엄마를 왜 이렇게도 힘들게 하니!"라는 말로 아이를 아프게 한다.

화를 참고 억누르기보다는 이젠 어떻게 표현할지에 초점을 둬보자. 화가 날 때 '화를 내서는 안 돼'라고 생각하고 무조건 참아야 한다고 여긴다면 너무 힘겨울 것이다. 생각을 바꿔 이제는 어떻게 화를 표현할지에 초점을 두는 것이다.

감정은 지금 원하는 것이 무엇인지에 대해 알려주는 신호등과 같다. 지금 느끼는 감정을 직면하면 자신이 무엇을 중요하게 여기고 있는지를 알아차릴 수 있다.

예를 들어보자. 여행을 같이 가기로 했던 친구가 아이가 아프다는 이유로 취소하자고 할 때 만약 그 여행을 손꼽아 기다려온 경우라면 대단히 실망스럽고 짜증이 날 것이다. 하필 이때 아픈 그 친구의 아이가 괜스레 미울 수도 있다. 하지만 요 근래 주머니 사정도 좋지 못하고, 회사에서 갑자기 처리해야 할 업무의 마감기간이 아슬아슬해 여행을 가야 하나 말아야 하나 잠시라도 고민했더라면 친구의 여행 취소 제안이 내심 반가웠을 것이다.

이처럼 같은 상황이라도 우리가 어떤 욕구(생각)를 갖고 있는지에 따라 상대방의 태도에 대한 감정 상태가 달라진다. 친구가 여행을 취소하고자 하는 상황은 변함이 없지만, 내가 어떤 욕구가 있었느냐에 따라 나의 느낌(감정)이 달라지는 것을 알 수 있다. 이처럼 감정은 내가 무엇을 원하는지에 대해 방향을 알려주는 내비게이션과 같다.

한 엄마가 얼마 전 길을 가다 잠깐 한눈을 판 사이 아이가 눈앞에서 사라져 가슴이 철렁한 적이 있다며 경험담을 털어놓았다. 다행히 아이는 무사히 엄마 앞에 나타났고, 엄마는 걱정한 마음을 아이에게 고래고래 소리를 지르며 질책하는 것으로 표현했다. 분에 못 이겨 소리치는 틈틈이 아이의 몸이 휘청거릴 정도로 머리를 손으로 밀치기도 했다는 그 엄마는 "다시는 너와 외출하지 않을 거야"라는 엄포와 함께 아이를 데리고 집으로 들어왔지만, 저녁이 되고 마음이 진정되자 아이에게 너무 심하게 굴었다는 생각에 후회가 되고 괴롭다고 했다. 아이는 엄마가 자신을 아끼고 걱정한다는 것보다는, 자신의 행동 나아가 자신이 나쁜 아이라는 생각을 하게 될 지도 모른다.

엄마는 아이의 안전을 바랬기 때문에(욕구) 아이가 자신의 눈앞에서 사라졌을 때, 매우 당혹스럽고 걱정되고 두려웠을 것이다(느낌). 그리고 아이가 다시 눈앞에 나타났을 때 무사히 돌아온 것에 무척 안심이 되고 기뻤을 것이다(느낌). 우리는 자신이 느낀 감정을 제대로 표현할 수 있어야 한다. 우리가 무엇을 원하고 있는지에 집중할 수 있게 되면 자신의 감정을 적절하게 표현할 수 있는 힘이 생긴다.

아이를 비난하고 겁주고 협박하기보다는 "아무 일 없어서 정말 다행이야. 네가 갑자기 눈앞에서 사라져서 엄마는 너무 놀라고 겁이 났다"라고 느낌을 솔직하게 표현하고 아이를 안아줄 수 있는 자신을 원하고 있지 않은가? 알아차림이 가능하다면 우리는 충분히 이렇게 할 수 있다.

너 자꾸 멋대로 행동할래? 엄마가 얼마나 놀랐는지 알아? 또 그러면 다시는 안 데리고 나올 거야!
→ 네가 갑자기 엄마 눈앞에서 사라져서 너무 당혹스럽고 놀랐어. 네가 잘못되기라도 할까봐 엄마는 너무 걱정되고 두려웠어. 엄마는 ○○이가 다치지 않고 안전하게 크는 게 정말 중요하거든! 앞으로 길을 걸을 때는 엄마 손을 꼭 잡고 걸었으면 좋겠어. 어디 갈 때는 엄마한테 꼭 말해줬으면 하는데 어때?

윽박지르고 회초리를 들어서 아이의 행동을 제재하면 처벌이 두려워 그 행동을 잠시 미룰 뿐 부모가 보지 않을 때 몰래 할 수도 있다. 큰소리로 말한다고 알아듣고 작은 소리로 말한다고 알아듣지 못하는 것이 아니다. 무엇보다 슬픈 것은 이런 비난이나 처벌의 두려움 때문에 아이는 부모가 자신을 사랑하고 있다는 것을 미처 헤아리기가 어렵다는 것이다.

하지만 마음과 마음이 연결되면 아이도 엄마가 원하는 걸 들어줄 가능성이 더 크다. 자신을 사랑하는 엄마의 마음을 아이도 십분 이해하고 엄마의 부탁을 기꺼이 수용할 것이다.

우리는 자신이 느끼는 감정을 수용하고 그 뒤에 어떤 욕구가 있는지 살필 수 있어야 한다. 감정을 애써 외면하고 억압한다고 감정이 없어지지 않는다. 감정은 그것을 표현해야만 사라진다. 우리가 자신의 감정에 대해 자세히 들여다보고 지금 느낌이 어떠한지, 또 그 뒤에 있는 욕구가 무엇인지를 알아차릴 수 있어야 하는 이유는 크게 3가지다.

첫째, 그래야 아이의 감정도 살펴볼 수 있다.

아이는 아직 자신이 느끼는 감정이 무엇인지, 불편한 감정이 느껴질 때 그것이 정상적인 것인지에 대한 불안을 가지고 있다. 화가 나고 짜증이 날 때 아이는 울거나 소리를 지르는 방식으로 표현을 하고 자신이 왜 그런지에 대해서 알지 못한다. 엄마가 아이의 감정을 공감해주고 이름을 붙여 표현하고 수용해 줄 수 있어야 한다. 이는 엄마가 자신 안에서 생기는 감정을 있는 그대로 수용할 때라야 가능하다. 우리가 느끼는 모든 감정은 자연스러운 것이다.

둘째, 감정의 본을 보일 수 있다.

순간적인 감정의 폭발력에 엄마 자신이 휘청거리는 상황이 종종 생긴다. 즐겁고 행복한 긍정적 감정뿐만 아니라 화가 나고 속상하고 짜증이 나는 부정적 감정도 아이 앞에서 제대로 표현할 줄 알아야 한다. 아이가 마냥 행복하고 즐거운 일들만 겪으면서 살아갈 수는 없기 때문이다. 아이가 부정적 감정을 다루는 방식은 부모가 같은 감정을 아이에게 어떻게 표현했는지에 따라 달라진다.

나는 어렸을 때 울거나 화가 나는 감정은 나쁜 것이라 배웠다. 내가 눈물을 흘리면 "찔찔 짜지 마!", 내가 화를 내거나 짜증을 내면 "어디서 부모 앞에서"라는 말로 혼이 났다. 그래서 나는 이런 감정들이 내 안에서 생겨나면 '이건 나쁜 거야'라는 생각을 가지게 되어 화가 나도 꾹꾹 눌러 참았다. 그리고 우리 부모님은 화가 날 때 버럭 하곤 했다. 나의 행동에 대해 질책하며 언성을 높이고 나를 비난하는 방식이었다. 부모는 아이에게 문제를 해결하고 갈등을 풀어가는 성숙한 모습을 보여줄 수 있어야 한다.

마지막으로, 감정의 이면을 들여다보면 내가 무엇을 중요하게 여기고 원하고 있는지 알 수 있다.

나의 욕구로 인해 감정이 달라짐을 앞서 여행약속 예시를 통해 살펴보기도 했다. 이것은 그 감정의 책임은 바로 나에게 있다는 것을 알려준다. 이 말은 곧 내가 느끼는 감정을 해결할 수 있는 힘이 나에게 있다는 말이기도 하다.

다른 사람 때문에 화가 나는 것이 아니라, 내가 중요하게 생각하는 것이 충족되지 않았기 때문에 화가 난 것이다. 친구가 갑자기 약속을 취소했기 때문에 화가 난 것이 아니라, 친구와 즐거운 시간을 기대하고 있었던 나의 욕구가 실현되지 않아 속상하고 화가 난 것이다.

감정의 책임이 나에게 있다는 것을 알 때 우리는 자유로워질 수 있다. 다른 사람을 비난하고 질책하기보다 내가 원하는 것에 집중할 수 있기 때문이다.

아이를 비난하고 질책한다고 속상하고 화가 난 감정이 해결되지 않는다. 아이를 비난하고 나면 그 에너지가 마음에 남아 오히려 더 찝찝하고 마음 한 구석이 불편해진다. "너 때문에"가 아닌 "엄마는 ○○가 중요해서"라고 말할 때 아이를 사랑하는 엄마의 마음과 아이에게 무엇이 중요한지를 더 잘 전달해 줄 수 있다.

03

아이가 말을 듣지 않는 이유 1:
아이에게 말을 해석하는 수고를 넘기지 마라

"사람들은 대화할 때 자기가 말하고자 하는 뜻을 절대 말하지 않아. 말하는 사람은 원래 하고 싶은 말과는 다른 걸 말하고, 듣는 사람은 그의 말뜻을 알아내야 하잖아. 난 성공한 적이 없어."

영화《이미테이션 게임》에서 절대 풀 수 없을 것 같던 독일군의 암호 '에니그마'를 해독하는 기계를 만든 천재 수학자 앨런 튜링이 한 말이다. 실제 컴퓨터의 전신이 된 튜링기계를 만든 그는, 머리는 엄청나게 좋았지만 대인관계에서는 매우 서툴렀다. 사람들의 대화법 속에 있는 의도를 파악하는 게 그에게는 암호 해독과 다를 바 없었기 때문이다.

우리는 상대가 해주었으면 하는 행동을 구체적으로 표현하는 대신 말속에 의도만 내포한 채 말하곤 한다. 그러곤 자신이 기대한 상대의 반응이 실제 반응과 차이가 나면 '아, 쟤 뭐야'라고 생각하며 짜증을 내버린다.

주말 오후 남편과 함께 아이를 데리고 백화점 나들이를 갔다. 2호선을 타고 반월당역에 내려 1호선 환승을 하러 가는 길이었다. 코너를 돌아야 환승지점이 보이는데 코너를 돌기 전 역사에 설치된 전광판에 우리가 타야 하는 지하철이 바로 앞 역을 출발했다고 안내하고 있었다. 당시 아이는 뒷짐을 지고 혼자 걷고 있었고, 우리는 아이 양옆에서 아이의 걸음에 보조를 맞추고 있었다.

전광판을 본 나는 남편에게 "우리가 타야 하는 열차가 와"라고 말했다. 남편은 묵묵부답이었다. 나는 다시 한 번 "이제 우리 타는 열차가 온다고"라고 말했다. 남편은 내 얼굴을 한 번 쳐다만 볼 뿐 여전히 별다른 대답이 없었다. 그제서야 나는 "준이 안고 빨리 가잔 말야!"라고 언성을 높여 말했다. 남편은 아이를 번쩍 들어 안고 성큼성큼 코너를 돌아 환승지점으로 향했고, 남편을 뒤쫓아가며 나는 '아, 왜 한 번에 못 알아채는 거야'라며 속으로 투덜거렸다.

나 역시 남편에게 구체적으로 "이번에 우리가 타야 하는 열차가 곧 도착하니 아이를 안고 얼른 가자"라고 말하는 대신 "우리가 타야 하는 차가 와"라고만 말했다. 물론 그 말을 듣고 그 말 안에 들어 있는 메시지를 해석할 수도 있겠지만, 내가 그 말을 하기 전에 알고 있는 정보와 생각이 남편이 갖고 있는 정보 및 생각과 다른 것이 문제였다.

나는 전광판을 보고 좀 더 서둘러야겠다고 판단해서 한 말이었지만 전광판을 보지 않았던 남편은 그 부분에 대해 인식하지 못하고 있었던 것이다. 나는 이번에 오는 열차를 탈 것이라고 생각했고 남편은 다음 열차를 타도 상관없다 생각했던 것이다.

아이가 어렸을 때를 생각해 보자. 아이가 어릴 땐 말을 잘하지 못하기 때문에 비언어적인 메시지를 해석하여 행동 뒤에 숨은 의도를 파악해내곤 한다. 아이와 많은 시간을 보내다 보면 경험을 공유하게 되기 때문에 아이의 의도를 단박에 알아차릴 수 있다. 내 아이는 손등을 가리키며 '어어' 할 때가 있었는데(문화센터 수업 트니트니를 가리킨다. 수업 때마다 손등에 도장을 찍어준다.) 이는 아이와 함께한 시간이 많은 나는 아이의 신호를 바로 읽을 수 있었지만 남편은 그렇지 못했다. 물론 처음 보는 사람도 해석할 수 있는 아이의 몸짓 언어가 있기도 했지만, 우리 아이가 보내는 신호를 가장 잘 해석하는 사람은 바로 엄마인 나였다.

행동 속 의도 그리고 아이의 말속 의도를 아이가 원하는 그대로 해석하는 힘은 '경험의 공유'에서 나온다. 하지만 보통 인간관계에서는 사람마다 경험의 폭이 다르다. 그래서 의도와 해석이 다른 경우가 생기고 이럴 때 문제가 되는 것이다.

특히 아이는 엄마가 가진 경험과 지식을 상당 부분 가지고 있지 않다. 엄마와 아이의 경험 정도는 엄청난 불균형을 이루고 있다. 엄마가 "난 자장면을 싫어해"라고 말했을 때 아이가 엄마 말속에 담긴 의도를 알기 힘들다.

엄마가 아이에게 자장면을 양보하고자 하는 마음을 해석해내지 못하고 말 그대로 정말로 자장면을 싫어하는 줄로만 알게 된다.

놀이터에서 한 엄마가 아이에게 이제 그만 집으로 가자며 아이를 부른다. 아이는 처음에 못 들은 척 엄마의 말을 외면한다. 엄마가 몇 차례 소리를 높여 더 아이를 부르지만, 아이는 더 놀고 싶다는 표현을 하며 집에 가기를 거부한다. 엄마는 집에 가서 맛있는 간식을 먹거나 만화영화를 보자고 아이를 설득하거나 회유하려고 노력한다. 그렇게 해도 아이가 자신의 고집을 꺾지 않으면 "다시는 놀이터 안 데리고 올 거야"라는 말로 아이를 위협한다. 그쯤 되면 아이는 울면서 엄마를 따라나선다.

우리는 '왜' 집에 가야 하는지 그 이유에 대해 아이에게 설명해 주지 않는다. 단순히 아이가 집에 가면 어떤 이득이 있는지 또는 어떤 불이익이 있는지에 포커스를 두고 이야기한다. 아이가 부모의 말을 잘 들어야 한다는 신념이 우리 안에 존재하기 때문이다.

아이의 알 권리를 존중해줄 필요가 있다. 주변에서 만나는 많은 부모들을 보면 아이에게 충분한 설명을 해주지 않는다. '아이에게 그런 설명을 해준다고 한들 알겠어?' 하는 마음이 있는 것이다. 또 그런 설명이 익숙하지도 않거니와, 무엇보다 말하지 않아도 충분히 잘 알고 있을 것이란 생각 때문이다.

이런 설명을 하더라도 아이는 자기가 하고 싶은 대로 할텐데 설명이 무슨 필요가 있느냐고 되묻는 엄마들도 있을 것이다. 하지만 무턱대고 "안 돼"

라고 말한다고 해서 아이가 엄마의 마음을 충분히 헤아려 그 말을 순순히 따라주는 것도 아니다. 아이가 놀이터에서 더 놀고 싶어 하는 마음을 공감해주고 엄마의 마음을 솔직하게 표현하고 나면, 둘의 욕구를 같이 충족시킬 수 있는 방법을 찾을 수 있는 여유가 생긴다. '5분만 더 놀고 들어가자'는 새로운 대안을 찾기도 하고, '일단 집으로 들어갔다가 식사를 한 후 다시 나오는 방법'을 찾을 수도 있다.

안 돼! 지금 빨리 들어가야 돼!

→ 5분만 더 놀고 들어가자. / 일단 집에 가서 밥을 먹고 다시 나오자.

의도와 해석이 다르면 문제가 된다. 엄마는 아이가 좋아하는 자장면을 더 먹이려고 자장면이 싫다고 했거나, 아이가 좋아하는 사과를 더 먹이려고 엄마는 사과심지를 제일 좋아해라고 했는데 아이가 우리 엄마는 자장면을 싫어한다며 엄마가 먹으려던 자장면을 치워버리거나, 우리 엄마는 사과심지를 제일 좋아한다며 아이가 심지만 골라내 엄마에게 내밀게 되면 문제가 되는 것이다.

어른의 언어와 아이의 언어는 분명 다르다. 아이의 눈높이를 맞추라는 것은 물리적인 높이만을 뜻하지 않는다. 아이에게 해석하는 수고를 넘기지 말고, 말하는 사람이 말속의 의도를 그대로 표현할 수 있어야 한다. 아이의 언어에 맞게 어른의 언어를 맞추어 표현하는 수고가 필요하다.

04

아이가 말을 듣지 않는 이유2:
원하지 않는 것이 아닌 원하는 것을 말하라

우리는 자신이 진정 원하는 게 뭔지에 대해서 생각할 수 있어야 한다. 원하지 않는 것은 잘 아는데 막상 원하는 게 뭐냐고 물으면 머뭇거리게 된다.

"뭐 먹고 싶어?"

"맛있는 거."

"○○?"

"아니."

"□□?"

"아니."

우리는 우리가 원하는 것보다 원하지 않는 것에 대해 더 잘 이야기한다. 원하지 않는 것은 무엇인지 알고 있지만, 무엇을 원하고 있는지에 대해서는 명확하게 알지 못한다. 혹은 잘 알더라도 원하지 않는 것에 포커스를 두고 말한다.

마셜 로젠버그가 쓴 《비폭력 대화》에는 이것과 관련된 재밌는 일화가 나온다. 아내가 매일같이 야근하는 남편에게 화가 나 있다. 가족들과 저녁식사는커녕 서로 얼굴 보는 일도 힘들 만큼 회사일에 빠져 사는 남편에게 "회사일 외에 다른 것에도 신경 좀 쓰세요"라고 말했다. 그러자 며칠 후 남편이 건강을 위해 골프연습장 티켓을 끊었다는 소식을 알려왔다. 부인이 원하지 않았던 것은 회사일만 하는 남편이었지, 남편이 골프 티켓을 끊길 원했던 것은 아니었다. 부인은 일주일에 한 번만이라도 가족이 모여 식사하길 원했다. 아내는 자신이 원하지 않는 게 무엇인지는 잘 전달했지만 원하는 것은 전달하지 못했다.

원하는 것을 긍정적이고 구체적으로 표현할 수 있다면 그것이 실현되는 확률도 더 높아질 수 있다. 우리는 자신이 원하는 것을 표현하는 방식에 익숙하지 못하다. 그것을 드러내는 것은 어쩌면 속물 같기도 하고 이기주의 같다는 생각이 들어 스스로가 꺼려지기 때문이다. 하지만 자신의 어떤 욕구를 충족시키고 싶은 것인지에 집중해서 말할 때 우리는 솔직하게 표현하는 것이 좀 더 쉬워지고 상대 또한 더 편하게 공감하며 들을 수 있다.

친구들과 해외여행을 간 아내에게 연락해 "혼자 밥 챙겨 먹으려니 힘들어 죽겠어, 얼른 와"라고 말하는 것이 아니라 "당신이 해주는 따뜻한 밥 먹고 싶다. 얼른 와"라고 표현할 때 아내는 빨리 집으로 돌아와 남편을 위해 요리하고 싶어질 것이다.

'코끼리를 생각하지 마'라는 말을 듣는 순간 우리의 뇌는 '코끼리'를 떠올리게 된다. 뇌 구조상 코끼리를 생각하지 않으려면 먼저 '코끼리'라는 프레임을 떠올려야 하기 때문이다. 이러한 뇌과학을 응용하여 운동선수 코치는 선수들에게 천천히 움직여야 할 때 "빨리 가지 마"라고 말하는 대신 "천천히 가"라고 말한다고 한다. "빨리 가지 마"라고 하는 순간 선수들의 뇌에 '빨리 가는 것'이 먼저 인식되기 때문이다.

우리는 아이들에게 원하지 않는 것보다 원하는 것에 대해 긍정적이고 구체적으로 표현할 수 있도록 노력해야 한다. 거기에는 크게 2가지 이유가 있다.

1. 나의 불만사항만을 듣고 아이는 적절한 행동을 취하기 어렵다.

단순히 "시끄럽게 굴지 마"라고 말하면 아이들은 어떻게 행동을 하라는 것인지 정확히 알 수가 없다. "동생과 방으로 들어가서 놀아라"라든지 "말소리를 낮춰 조용히 말해 줄래?"라고 부탁할 수 있다. 단순히 불만사항을 말하는 것만으로 아이가 내가 원하는 것을 알아서 해주리라고 기대해선 안 된다.

2. 말의 에너지가 다르다.

"시끄럽게 굴지 마"와 "동생과 방으로 들어가서 놀아라"라고 말할 때 말의 강도는 달라진다. "너 때문에 힘들어 죽겠어"와 "엄마 10분만 가만히 누워 있고 싶어"라고 말해 보자. 느낌이 어떤가? 문장의 내용에 따라 말의 어감과 강도가 완전히 달라진다. 같은 말이라도 '아' 다르고 '어' 다르다는 우리 속담처럼 말 한마디에 아이의 자존감이 높아졌다 낮아질 수 있음을 기억하자.

시끄럽게 굴지 마.

→ 동생과 방으로 들어가서 놀아라.

너 때문에 힘들어 죽겠어.

→ 엄마 10분만 가만히 누워 있고 싶어.

원하지 않는 것보다 원하는 것을 말할 때, 자신이 무엇을 해야 하는지 명확히 알 수 있기 때문에 아이들은 부모가 부탁한 말을 더 잘 이해할 수 있다. 그리고 말속에 어떤 에너지를 담아 전하느냐에 따라 그 말을 받아들이는 아이의 태도도 달라진다.

05

아이의 마음을 알고 싶다면

요즘에는 자신의 문제를 전문 상담가를 찾아가 상담하는 일이 늘고 있다. 자신의 속내를 털어놓을 사람도 그리고 그것을 제대로 들어주는 사람도 마땅치 않기 때문에 생겨난 현상이다. 우울증을 앓고 있는 사람들의 대다수가 자신의 이야기를 들어주는 사람을 만나는 것만으로도 70%가 병을 치유하게 된다는 놀라운 연구결과가 있다. 실로 경청의 힘은 대단하다.

하지만 우리는 엄마, 아내, 가족 그리고 친구로서 상대의 말을 그저 듣고만 있지 못한다. 왜냐하면 그들을 위로해주고 조언해주고 돕고 싶은 마음이 크기 때문이다. 얼른 도와주고 싶은 마음에 상대의 이야기가 채 끝나기도 전에 우리가 알고 있는 방법을 알려주려 하거나, 그들의 마음을 위로해

줄 수 있는 이야깃거리를 끄집어낸다. 혹은 상대가 처한 상황보다 더 심한 상황을 이야기하며 그건 아무것도 아니란 식으로 왜곡해 버리기도 한다.

그럼 어떻게 하면 잘 들어줄 수 있는 걸까? 말하는 사람 입장에서 실컷 이야기하고 나서 '이해받았다'라는 기분이 들도록 만들려면 대체 어떻게 들어줘야 하는 걸까? 그들이 하는 말에 적당히 '네, 그러시군요'라고 맞장구치는 걸로 부족하다. 그들이 그 말을 할 때 어떻게 느끼고 있는지를 캐치해서 언급해줘야 한다. 사람들은 자신이 정확히 어떤 느낌이 드는지 잘 모르는 경우가 많다. 화가 나는 것인지, 두려운 것인지, 당황스러운 것인지, 억울한 것인지 그가 말하는 것에 대해 느끼는 감정을 추측해 언급해 주는 것이다. 이것이 그들을 공감하는 방법이다.

사람과의 관계에서 소통과 함께 공감의 중요성이 대두되고 있다. 하지만 이 공감이란 것을 도대체 어떻게 해야 하는 것인지 막연하기만 하다. 공감을 어렵게 생각하지 말자. 상대방이 지금 어떤 감정을 느끼고 있는지를 알아주는 것, 그리고 그것을 언급해 주는 것, 이것이 공감하는 방법의 전부다.

우리는 설명이나 조언, 맞장구 등으로 상대방과의 공감을 곧잘 깨버리곤 한다. 공감이란 그저 다른 사람의 경험을 온전히 들어주는 것이다. 온전히 상대방의 입장에서 들어주어야 그 사람이 지금 어떤 심정인지를 헤아릴 수 있고, 그 사람이 무엇을 느끼는지 알 수 있다. 그 사람을 온전히 공감해 주고 나면 상대방은 나의 말을 받아들일 마음의 여유를 찾게 된다. 내가 하고 싶은 말은 그때 하면 되는 것이다. 무조건 내가 말하고 상대방이 입을 다물고 있다고 해서 내 이야기를 듣고 있는 것은 아니다. 우리가 말을 하는 이유는 단순히 '의견을 토해 놓는 것'이 아니라, '나의 의도가 상대방에게 잘 전달되도록 하는 것'이기 때문이다.

상대방은 자신이 '공감받았다, 이해받았다'는 느낌이 들어야 다른 사람의 말을 들을 준비가 된다. 그렇지 않을 경우에는 상대를 이해시키기 위해 자꾸만 자신의 입장이나 상황에 대해 설명하게 되는 것이다. 그리고 '공감한다'는 것은 상대의 말이나 행동, 생각에 '동의하거나 그것들을 수용한다'는 것을 의미하지는 않는다.

내가 입학처에서 근무할 때였다. 수시모집 합격자 발표가 있자 사무실 내 모든 전화가 동시다발적으로 울리기 시작했다. 잠깐 동안이나마 네이버 검색 1위로 우리 학교가 조회되기도 했을 만큼 합격자 발표일에 걸려 오는 전화량은 어마어마하다.

내가 전화를 받자마자 한 남자분이 자신의 딸이 불합격한 것에 격분하여 고함을 질러댔다. 엄연히 전형절차를 거쳐 성적순으로 합격자가 정해지는 것이 순리임에도 그는 자신의 딸이 불합격했다는 사실을 용납할 수 없다는 태도를 보였다.

"우리 딸 담임이 무조건 된다고 했는데, 왜 불합격했습니까? 말이 안 되잖아요! 말이!"

그가 억지를 부린다고밖에 생각할 수 없었던 나는 올라오는 화를 억누르며 간신히 말했다.

"자녀분이 지원한 전형은 내신 70%, 면접 30%의 비율로 이루어져……."

"아니, 내 딸이 왜 떨어졌냐고!"

그에게 필요한 것은 전형에 대한 안내 설명이 아니었다. 하지만 나는 꿋꿋이 전형 설명을 마쳤고 그런 나에게 그는 욕설을 해댔다. 자신의 분이 삭혀지지 않은 상태에서 딸의 점수가 모자라 합격하지 못했다는 나의 분석적 발언이 그의 화를 돋운 것이다.

한숨을 돌리고 나는 다시 말했다.

"아버님, 따님이 꼭 합격할 줄 알았는데, 불합격되서 많이 속상하시죠? 올해가 예년과 다르게 경쟁률이 많이 치열했던 것 같아요."

이 말 한마디에 그는 하소연을 늘어놓기 시작했다. 딸자식이 우리 학교를 가고 싶어 원서를 쓰고 기다렸는데 불합격 소식을 듣고 집에서 울고 있는 모습을 보니 너무 속상하다는 것이었다. 무엇보다 담임교사가 합격을 확신해서 안심하고 다른 곳에는 원서를 쓰지 않았기에 불합격 통보가 너무 당황스럽다고 했다. 그리고 곧이어 그는 좀 전에 자신이 너무 화가 나서 내게 심하게 말했다며 미안하다고 사과했다. 이처럼 사람을 바꾸는 힘을 가진 것 또한 공감이다.

어쩌면 사람들은 어떤 일에 불만과 불평을 제기하는 것이 꼭 해결책을 얻고자 하는 목적이 있는 것은 아닐지도 모른다. 앞서 말한 학부모도 자신의 딸이 합격하지 못한 이유가 궁금했던 것은 아니었다. 그저 자신의 딸이 우는 모습을 보고 있자니 속상하고 합격을 확신하고 다른 곳에 원서를 넣지 않아 앞으로 어떻게 해야 할지 몰라 당황스러워 화가 났던 것이다.

이처럼 상대의 심정을 추측하여 그들이 느끼는 감정을 언급해 주는 것만으로도 사람들은 많은 위안을 얻는다. 상대방이 우리 마음을 헤아리고 있다는 것 자체가 위안이 되는 것이다. 물론 우리가 독심술가가 아닌 다음에야 다른 사람의 마음이 어떠한지를 매번 정확하게 추측할 수는 없을지도 모른다. 다행스럽게도 상대방의 마음을 헤아리려는 그 모습만으로도 상대방은 많은 위안을 받을 수 있으니 잘못 짚을까 섣불리 걱정하지 않아도 된다.

아이와의 대화에서도 마찬가지다. 많은 엄마들이 조바심에 아이의 상황을 기다려주지 않는다. 어떻게 해서든 빨리 아이를 도와주고 싶어 안달이나 있다. 부정적인 감정 상태에서 꺼내주려고 아이를 위로하고 안심시켜 주려 애쓴다. 혹은 자신이 옳다고 생각하는 행동이나 상황을 따르도록 아이에게 설명하고 충고하려 한다.

공감은 아이의 경험을 온전히 들어주는 것 그것으로부터 출발한다. 아이가 안전하게 말할 수 있도록 배려해주고 들어줄 수 있는 엄마가 되어야 한다. 자신이 공감받았다 여겨지면 그 뒤에 설명이나 조언, 위로를 받아들일 마음의 공간이 생긴다는 것을 명심하자. 엄마 노릇은 들어주는 것부터 시작한다. 가르치는 것은 그 다음이다.

06

엄마의 역할을 즐기기 위해 필요한 것

아이를 가지게 되면 '좋은 부모'가 되겠다고 다짐한다. 육아 관련 인터넷 커뮤니티를 방문해보면 꼭 자연분만을 하고 모유수유를 해야만 한다고 생각하는 엄마들을 많이 보게 된다. 그 글들을 읽다 보면 자연분만을 하지 못하고 모유수유를 하지 않으면 마치 엄마로서의 자격이 없는 듯한 느낌을 받게 될 정도이다.

이런 외침들은 마치 엄마라면 마땅히 해야 할 의무처럼 여겨졌다. 그래서 제왕절개를 하거나 모유수유를 포기할 수밖에 없는 엄마들은 우울감에 빠지기도 한다. 모성이 부족한 엄마라는 자책 속에 스스로를 비난하며 괴롭힌다. 이처럼 '아이에게 꼭 ~해야만 한다'라는 신념은 이제 막 부모가 된

초보엄마들을 힘들게 하는 이유가 된다.

사실, 나도 처음 부모의 문턱에 들어서고 나니 세상이 완전히 새롭게 보였다. 분명 내가 살고 있는 세상은 달라진 것이 없음에도 아이를 가지기 전과 후는 보이는 것도 들리는 것도 그리고 추구하는 가치의 우선순위도 달라져 버렸다. 이전에 중요하지 않았던 것이 갑자기 중요해져 버리고, 중요하게 생각했던 것이 예전 만큼 중요하게 여겨지지 않기도 했다.

아이를 낳기 전에는 무엇보다 중요한 것이 나의 커리어였다. 일에 욕심이 났고 잘하고 싶고 인정받고 싶었다. 물론 그 욕심은 지금도 마찬가지다. 이왕 하는 거 잘하고 싶고 또 인정도 받고 싶다.

지금 달라진 점이 있다면, 그 욕심 안에 '가족'과 '아이'가 함께한다는 것이다. 아이가 잘못되기라도 한다면, 내가 어떤 부와 명예를 가지게 된다 할지라도 온전히 기뻐할 수 있을까? 이 질문에 나는 망설임 없이 "NO"라고 답할 것이다. 이전에는 빨리 성장하고 얼른 인정받아 뭔가를 이루고 싶었더라면 이젠 그 속도를 조절해 가족과 함께 가고 싶다. 나만이 아닌 가족이 '함께' 성장할 수 있는 길을 걷고 싶다.

아이를 낳고 여러 자녀교육서를 읽으며 아이의 생애 최초 3년이 중요하다는 것을 알게 되었을 때, 일하는 엄마로서 그럴 수 없는 나는 어쩔 수 없는 상황에 불만이 많았다. 안 그래도 부족하기 그지없는 엄마인데 이 중요하다는 3년조차 같이 있어 줄 수 없다고 생각하니 더 불안해졌다. 아이 낳고 직장을 그만두고 언제든 다시 시작할 수 있는 전문직에서 일하는 엄마나, 혼자 벌어도 걱정 없는 엄마들은 남편 잘 만나 팔자가 좋다며 내 신세를 한탄하기도 했다.

얼마 전 버스정류장에서 출근 버스를 기다리고 있을 때다. 내가 아이를 낳고 휴직했다 복직한다는 사실을 알고 있는 동네 주민 한 분을 만났다. 아이 둘을 다 키우고 늦은 나이에 교육대학원을 다니며 상담공부를 하고 계신 분이었다. 간단한 안부와 함께 아이는 누가 봐주느냐고 물으시더니 이내 "아이는 엄마가 봐야하는데……"라고 하신다. 거기에 나는 "엄마도 엄마의 인생이 있으니까요"라고 답했다.

"육아지원센터에서 잠깐 봉사활동 할 때 젊은 엄마들이 일하고 싶다고 나중에 아이 다 키우고 나서 아무것도 못할까봐 걱정된다는 얘기 많이 했어. 그러면 나는 아이 7~8년 키우는 거랑 나가서 돈 번 거랑 비교해봐라. 그건 비교도 안 된다. 아이 키우면서 공부하고 준비하면 나중에라도 기회가 있어. 아이는 무조건 엄마가 키워야 해. 나중에 아이가 엇나가기라도 해봐, 돈이 다 무슨 소용이야"라고 매번 조언을 해주셨다며 그 이야기를 나한테 들려주신다. 그러곤 "나랑 남편은 남들이 만 원짜리 먹으면 오천 원짜리 먹고, 남들이 오천 원짜리 먹으면 천 원짜리 먹으면 된다고 생각하는 사람들이야"라고 덧붙이시는데, 일하는 엄마들이 아이보다 돈을 더 중요하게 생각해서 일하는 것이라는 그분의 신념을 엿볼 수 있었다.

그녀는 자신이 옳다고 생각하는 것에 대해 표현한 것이겠지만, 나는 일하는 엄마로서 아이와 같이 있어주지 못한다는 죄책감이 들어 마음이 편치 않았다.

이처럼 이분법적인 사고는 자신이 옳다고 생각하는 반대편에 서 있는 사람들은 틀렸다고 단정 짓기 때문에 그 자체로 폭력이 될 수 있다. 사람들이 겉으로는 아무렇지도 않은 척하겠지만 그들의 분노는 말하는 이에게 강한 적대심을 갖게 만든다.

비단 육아에 국한된 생각뿐만 아니라, 자신 안에 갖고 있는 신념들을 찬찬히 들여다보면 '당연히 ~해야만 한다'라는 생각이 무척이나 많음을 발견할 수 있다. 특히 통제할 수 없는 것을 통제할 수 있다고 생각할 때 걱정과 스트레스는 배가 된다.

'당연히 ○○해야 해.'

'반드시 ○○해야 해.'

자신이 평소 이와 같은 말을 자주 사용하거나 생각들이 많다면, 한쪽으로 치우친 경험과 지식에 의해 선입견이 생긴 것은 아닌지 생각해볼 필요가 있다. '해야만 한다'라는 생각에는 '~을 하면 좋은 것이고 하지 않으면 나쁜 것'이란 이분법적인 사고가 깔려 있다.

내가 그 일을 왜 하려고 하는지, 충족하려는 욕구는 무엇인지를 들여다볼 필요가 있다. 그렇다면 그 욕구를 충족하기 위한 다른 방법은 없는지 찾아볼 수 있을 것이다. 나와 같은 워킹맘이라면 아이를 맡기고 직장을 다녀야 하는 이유에 대해서 자신 안에서 강요하는 생각들을 다음과 같이 바꿔볼 수 있다.

나는 아파트 대출금을 갚기 위해 돈을 벌어야만 해. 지금 이 직장을 그만두면 더 이상 이만한 곳에서 일할 수 없어. 그렇기 때문에 난 그만둘 수 없어.
→ 나는 안정적인 생활과 미래에 대한 대비가 중요하기 때문에 지금 하는 일을 앞으로 최소 ○○은 더 하기로 선택했어.

육아휴직 기간이 끝났으니 난 출근해야만 해.
→ 아이와 함께하는 것도 중요하지만, 나의 성취와 성장도 중요하기 때문에 일을 계속하기로 선택했어.

어떤 행동을 할 때 '~해야만 해'라는 생각의 기준은 대개 내가 아닌 다른 사람이다. 다른 사람의 시선을 의식하며 의무감에서 자신의 행동을 결정한다. 그래놓고 우리는 그 결정에 대해 '어쩔 수 없었어'라며 다른 누군가나 상황을 탓한다.

이에 반해 선택은 자신의 내적인 동기에 따라 행동하는 것이다. 주도적이고 자발적이다. 따라서 내가 원하는 것이 무엇인지 알고 나면 한 가지 수단/방법만을 고집하지 않을 수 있다. 다른 선택이 가능해지는 것이다.

책상에 오래 앉아 있는다고 공부를 잘하는 것은 아닌 것처럼, 엄마와 아이가 무조건 오래 같이 있는 다고 해서 아이의 정서가 좋아지지는 않을 것이다. 물론 절대적인 시간의 양이 중요하다는 것에는 동의하지만, 함께 보내는 그 시간을 어떤 태도와 마음가짐으로 아이와 보내고 있는지가 훨씬 더 중요하기 때문이다. 엄마라는 역할을 즐길 수 있으려면 '어쩔 수 없이'가 아니라 '내가 선택해서' 하는 것이라고 생각할 수 있어야 한다. 다른 것도 마찬가지다. '해야만 하기 때문에 어쩔 수 없이'에서 벗어나면 우리는 비로소 자유로워질 수 있고, 자유로워질 때 그 역할을 즐기며 할 수 있다.

07

엄마가 믿는 대로 아이는 행동한다

우리는 관계를 맺고 있는 사람들마다 자신이 생각하는 상대방의 특성에 대해 한두 개의 꼬리표들을 자연스럽게 붙여 놓는다. 상대에게 꼬리표를 붙이면 내가 붙인 그 틀 안에서만 바라보기 때문에 선입견이 생겨 상대방을 있는 그대로 보기가 어렵다. 또한 상대방이 내가 붙인 꼬리표 안을 벗어나지 못하게 옭아매도록 만든다. 결국에는 '거 봐, 내 말 맞지?'로 끝맺음이 나도록 스스로 만들어 버리는 것이다.

우리는 사람을 무의식적이고 순간적으로 평가해버릴 만큼 그것에 익숙해져 있다. 물론 일회성 만남이 아니고서야 첫인상만이 아닌 다른 상황에서의 말과 행동을 바탕으로 내리는 판단이겠지만, 그 기준의 날이 매섭다. 일상에서 참 쉽게 '저 사람은 ○○한 것 같아', '이 사람은 ○○하지 않니?'라는 말을 하곤 한다. '좋은 사람'과 '나쁜 사람'을 구분하는 경계도 따지고 보면 단편적인 상황을 가지고 구분하기 일쑤다.

평가와 판단 없이 상대를 대하는 것은 원활한 의사소통의 시작이다. 색안경을 끼지 않고 보면 상대의 말을 반박하거나 중간에 끊고 싶은 욕구가 일단 자제된다. 이것은 상대의 말에 '동의'하거나 '동조'한다는 의미가 아니다. 그저 상대를 있는 그대로의 모습으로 바라볼 수 있도록 도와준다. 그렇다면 상대방을 있는 그대로 바라보기 위해서는 어떻게 해야 할까?

다른 사람의 말 또는 행동을 볼 때, 그저 단순히 상대방이 '~라고 말하고 있구나', '~행동을 하는구나' 하며 객관적인 관찰에만 집중하는 것이다. 이것은 상대방의 말과 행동에 따른 나의 생각이 올라오는 것을 차단하는 역할을 한다. 나의 생각이 들어서는 순간, 동시에 내가 갖고 있는 편견과 선입견이 함께 와 버리기 때문에 주변을 객관적으로 관찰하는 것이 중요하다.

물론 주변을 객관적으로 바라보는 것은 쉽지 않다. 이때까지 사람들을 평가하고 판단하는데 익숙해져 있기 때문에 다른 사람들에게 쉽게 꼬리표를 붙여버리는 습관을 고치기는 쉽지 않을 것이다.

부모가 아이를 대할 때도 마찬가지다. 특히 내 아이에 대해 모든 것을 알고 있다는 착각을 내려놓아야 한다.

"우리 아이는 부끄럼이 많아서 그런 거 못해."

아이들 몇몇을 모아 스피치 그룹을 만들어 보자는 동네 엄마의 의견에 시우 엄마는 아이의 의견을 물어보지도 않고 바로 거절해버렸다.

"우리 아이는 고집이 세."

"우리 아이는 내성적이야."

"우리 아이는 가만히 있질 못해."

우리는 아이에 대해서는 내가 제일 잘 안다고 여기며 아이를 대한다. 우리가 내 아이는 어떤 생각을 할 것이고, 어떤 행동을 할 것인지 단정 짓는 습관을 경계할 수 있을 때 아이를 있는 그대로 바라볼 수 있다는 것을 반드시 명심하자.

내가 아이에게 붙여놓은 꼬리표에는 어떤 것이 있을까요? 내가 만든 꼬리표 안에서 아이를 바라보고 있진 않으세요?

– 편식하는 아이
– 산만한 아이
– 한시도 가만히 있는 못하는 아이
– 예민한 아이, 재우기 힘든 아이
– 부끄럼이 많은 아이
– 조용한 아이

긍정적인 평가도 아이에 대한 선입견을 만들어요. 그 틀 안에서 자꾸 기대하게 되거든요.

– 착한 아이/순한 아이
– 엄마 말 잘 듣는 아이
– 활달한 아이
– 양보할 줄 아는 아이

08

엄마의 언어패턴 체크

우리는 어떤 언어패턴을 자주 사용하고 있을까? 평상시 아무렇지도 않게 사용하고 있던 말들을 돌이켜 생각해보자. 사랑하는 아이에게 어떤 식의 말들을 하고 있는지 알게 될 때, 자신의 언어습관을 새롭게 바꿔나갈 수 있다. 자신의 문제점을 알아채고 이를 인정할 때 우리는 변화할 수 있다.

유형 1. 수치심 주기

문화센터 강좌가 끝나고 엄마가 아이와 함께 강의실 맞은편에 있는 카페에 들어섰다. 아들은 아이스크림을 엄마는 차 한 잔을 주문해 놓고 서로 마주보며 테이블에 앉았다. 아이는 적어도 5~6살은 되어 보였다.

"○○아, 그림 그리는 거 재미없어?"

"재미있어."

"근데 왜 자꾸 엄마 찾아? 20~30분이면 수업 끝나는데, 끝나고 엄마 보면 되잖아. 네가 자꾸 엄마만 찾으니깐 쪽팔려 죽겠어! 다음부턴 그러지 마!"

이런 표현은 엄마가 아이를 부끄럽게 여기고 있다고 생각하게 만든다. 아이는 자신에 대해 부정적인 평가를 하게 되고, 이것이 반복되면 부정적인 자아상을 가지게 된다.

유형 2. 경고와 위협

대형마트나 식당에 아이를 데리고 나온 부모들에게서 가장 흔하게 듣게 되는 말들이다.

"너 다시는 안 데리고 나올 줄 알아!"

물론 이 말은 다른 말로 여러 번 아이를 타일러도 부모의 뜻대로 움직여주지 않는 아이에게 최후의 통첩인 경우가 대부분이다.

또는 아이의 어떤 행동을 이끌어내기 위해서 다음과 같이 위협하기도 한다.

"밥 안 먹으면 아이스크림 안 줄 거야!"

"자꾸 울면 산타 할아버지가 선물 안 줄 거야."

유형 3. 회유

조건을 제시하고 회유한다.

"이거 다 먹으면, 준이가 좋아하는 딸기 줄게."

"뚝 그치면, 저거 사줄게."

이런 방식은 현재 아이의 욕구를 무시한 채 엄마가 원하는 대로 아이의 행동을 이끌어내려고 하는 목적이 담겨 있다. 매번 아이와 거래해야 하는 위험이 있기에 잘못된 방식이다.

유형 4. 비교

아이를 친구와 비교하기도 하고, 형제자매 간에 비교하기도 한다. 물론 이는 친구나 형제, 자매에게 경쟁 심리를 자극해 좋은 행동을 본받게 하려는 의도일 것이다.

"네 언니만큼만 해봐!"

"네 동생은 시금치 잘 먹잖아. 넌 형이 되서 왜 동생보다 못하니?"

"옆집 윤아는 혼자 양치질 잘한다더라. 넌 왜 이렇게 못해?"

유형 5. 비난과 비판

"그러면 나쁜 어린이야."

"떼쓰고 울면 안 돼."

"엄마한테 그런 말 하면 못써. 버릇없게 어디서."

착한 아이와 나쁜 아이의 구분은 어떻게 이루어지는 걸까? 엄마 말을 잘 들으면 착한 아이, 엄마 말을 듣지 않으면 나쁜 아이라고 구분하고 있지는 않을까?

유형 6. 원칙을 고수하기 위한 평가와 판단

엄마가 갖고 있는 원칙을 지키기 위해서 아이들의 행동을 평가하고 판단하는 유형이다.

"언니가 동생 하고 싸우면 돼? 사이좋게 지내야지!"

"넌 언니니까 동생한테 양보해."

"놀고 나면 제자리에 정리정돈하란 말 못 들었어?"

유형 7. 이중적인 잣대

다른 사람 앞에서는 엄마가 자신의 실수를 인정하고 사과하면서도 아이에게는 쉽게 그러지 못하는 경우가 있다.

"아이한테 바로 사과하면 안 된다던데……. 그럼 부모 권위가 뭐가 돼?"

이럴 경우 아이가 부모에 대한 권위를 인정하고 존경하게 될까? 아니면 아이도 자신보다 힘이 약한 동생에게 함부로 하는 모습을 보이게 될까? 다시 한 번 말하지만 아이들은 부모의 평상시 모습을 그대로 보고 배울 뿐이다.

완벽한 부모 혹은 권위 있는 부모로 보이려 애쓰기보다는 솔직한 부모가 되자. 솔직하게 자신의 실수를 인정하고 사과하는 모습은 아이에게 자신의 행동에 책임지는 어른으로 성장할 수 있는 본보기가 되어 줄 것이다. 아이는 부모의 권위를 내세워야 하는 대상이 아니라 존중해야 할 상대다. 내 몸을 빌려 태어나 모든 것을 의지하는 나약한 존재가 아니라, 그 안에 무궁무진한 가능성을 품고 있는 대단한 존재가 바로 우리 아이들이다.

유형 8. 공개적 발설

아이가 어렸을 때, 아이가 어떤 행동을 했는지 가족끼리 곧잘 이야기하곤 한다. 이는 아이의 성장에 대한 신기함과 놀라움을 나누고 싶어서이다.

하지만 아이의 잘잘못에 대해서 공개적으로 이야기하는 경우가 있다. 며칠 전 내가 깜짝 놀란 것은 집 앞 카페에서 본 광경이었다. 두 가족이 일요일 낮 카페에서 만나 브런치를 즐기며 담소를 나누고 있었다. 부모는 부모끼리 한 테이블에, 아이들은 바로 옆 테이블에 아이들끼리 앉아 놀고 있었다. 그때 한 엄마가 자신의 테이블로 아들을 불러 세워 놓고 나무라기 시작했고, 한참 꾸중을 하고 나서는 아이를 다시 자리로 돌려보냈다. 그러고 나서는 테이블에 앉은 사람들에게 아들의 행동에 대해서 이런저런 이야기를 시작했다.

그 아들은 적어도 초등학교 5학년은 되어 보였다. 발육상태가 특별히 좋았다 치더라도 분명 4학년은 되었을 법한 덩치였다. 엄마는 아이가 친구들과 함께 있다는 것을 전혀 염두에 두지 않고 자신이 아이의 행동 때문에 얼마나 힘들었는지에 대해 하소연하고 있었는데, 아이의 마음이 어떨지 상상이 되어 마음이 아팠다.

어른들은 아이들이 아무것도 모른다는 착각을 하고 있는 것 같다. 자신의 행동에 대해 비판과 비난을 하며 다른 사람들에게 하소연하고 있는 엄마를 보며 아들은 어떤 마음이었을까? 공개적인 비난이 부끄러웠을 것이다. 자신의 잘못을 뉘우치기보다는 수치심에 되레 엄마를 원망하게 될 수도 있다. 엄마의 말을 잘 듣기보다는 반항하고 싶어질 것이다.

아이들의 자존심을 지켜주자. 어른들의 체면과 자존심은 중요하게 여기면서 아이들의 자존심은 별거 아니란 생각을 버리자.

부모의 언어 습관이 중요한 이유는 아이가 살아가면서 대화하게 되는 방식에 그 습관이 고스란히 담겨 있기 때문이며, 부모의 언어습관이 곧 아이의 자존감 형성에 직결되기 때문이다.

부모를 비난하기 위해서 이런 글을 쓰는 건 아니다. 사실 내가 어떤 말들을 하고 있는지 잘 모르는 경우가 많다. 자신의 말을 녹음하거나 동영상으로 촬영하여 다시 돌려보는 경우는 없기 때문이다. 그리고 이러한 말을 할 때 우리의 의도는 분명 '선량하고' '좋은' 것이다. 다만 그 의도가 '숨어 있어' 아이들은 알지 못한다는 사실이 슬플뿐이다. 우리는 이러한 의도를 아이들이 알 수 있도록 표현해주는 대화법을 익힐 필요가 있다. '엄마, 아빠가 나를 사랑하기 때문에 저런 말씀을 하시는구나' 하고 아이들도 알 수 있는 표현을 해야 하는 것이다.

아이를 훈계하고 때리면서 그 속에 숨겨진 부모의 참된 마음을 알아 달라고 요구해서는 안 된다. 이는 마치 '사랑해서 헤어진다'라는 말을 남긴 채 눈물 흘리며 소리치는 연인을 버리고 뒤도 돌아보지 않고 가는 것과 같다. "다 너 잘되라고 하는 말이야"라는 변명으로 아이 앞에서 합리화시켜선 안 된다.

다음 장에서는 아이의 자존감을 높이는 공감대화법에 대해서 알아보고자 한다. 아이와의 애착과 유대감을 형성하기 위해서 많은 시간과 큰돈은 필요 없다. 다만, 아이의 입장에서 생각하고 말하는 '역지사지'의 마음과 따뜻하게 바라볼 수 있는 '연민'만 있으면 된다.

아이를 '존중'하는 가장 쉬운 방법은 바로 '나'를 대입시켜 보는 것이다. 내가 남편으로부터 그런 말을 들었을 때 어떤 기분일지 바꿔 생각해보면 답은 쉽게 나올 것이다.

아이는 나의 소유물도 아니며, 몸이 작다고 감정이나 생각의 크기가 작거나 없는 게 아니다. 아무것도 모를 것이라는 착각만큼 위험한 것도 없다.

chapter 4

버럭맘 처방전 3: 아이의 자존감을 높이는 공감 대화법

아이와 대화하기 10계명

1. 아이는 자신만의 감정과 욕구를 가진 하나의 인격체임을 명심하세요.

→ 흔히 부모들이 "내 자식이지만 내 마음대로 안 된다"라는 말을 하지요? 아이가 엄마 몸을 통해 이 세상에 왔지만 그렇다고 내 마음대로 할 수 있는 존재는 아니랍니다. 아이를 존중해 주세요.

2. 아이와의 대화 물꼬 트는 방법: 있는 그대로, 들리는 그대로 말하기

→ 아이의 말 한마디, 행동 하나도 엄마 마음대로 해석하지 마세요.

3. 아이의 감정을 읽고 인정하기: 속상하니? 화났어? 슬퍼?

→ 아이의 감정을 추측하기 어렵다면 어떠냐고 물어봐주세요.

→ 아이의 말과 행동에 공감하기 어려울 때는 그만큼 아이가 강한 감정을 갖고 있다는 뜻이에요. 아이의 감정을 인정해주세요.

4. 감정 이면에 숨은 아이의 욕구 찾아주기

→ 아이는 원하는 것을 분명 알지만, 표현하는 것에 서툴러요. 엄마가 대신 찾아서 말로 표현해주세요.

5. 구체적이고 긍정적으로 부탁하기

→ 아이에게는 구체적으로 부탁해야 해요. 엄마가 아는 정보를 아이가 그대로 안다고 생각하는 것은 위험해요.

6. 백 마디 말보다 중요한 들어주기

→ 아이에게 물어보고 아이의 이야기를 들어주세요. 충분한 정보를 바탕으로 해석을 해야 오해가 생기지 않아요.

7. 칭찬을 할 때는 구체적인 근거를 바탕으로 하세요.

→ 무조건적인 칭찬은 비난보다 해로워요.

8. 꾸중을 할 때는 엄마의 마음을 꼭 알려주세요.

→ 아이는 엄마가 자신을 싫어해서 혼낸다고 오해할 지도 몰라요.

9. 아이의 말대꾸는 아이가 자기표현을 하는 것임을 기억하세요.

→ 아이가 엄마 말에 '왜'라고 묻기 시작했다면, 자기의사가 생긴 거예요.

10. 강요하지 말고 함께하기

→ 말로 가르치지 말고 행동으로 본을 보이세요.

01

아이와 대화가 엇나가기 시작한다면

아이를 낳고 나서부터는 집 앞 대형 마트에서 장 보는 횟수도 급격히 줄고 모든 걸 온라인 주문으로 해결하고 있다. 아이 기저귀, 물티슈에서부터 주말 전에는 주말 동안 먹을거리도 주문한다. 그러다 보면 택배가 연달아 몰려 도착할 때도 있다. 현관 앞에 쌓인 뜯어진 포장박스를 보며 남편이 묻는다.

"뭘 또 시켰어? 매일 뭘 그렇게 시켜?"

"누가 뭘 매일 시킨다고 그래?"

"아니 택배가 어제도 오고 오늘도 오고 계속 오는구만."

"매일 뭘 시킬 돈이라도 벌어주고 그런 소리를 해."

그리고 아내는 한마디를 꼭 덧붙인다.

"어휴, 다 애 물건이구만. 내 물건이나 사고 그런 소리 들으면 억울하지나 않지!"

이 패턴에 숙달된 남편은 이제 가정의 평화를 위해 더 이상 택배의 출처에 대해서 궁금해하지 않게 된다. 현관 앞에 포장박스가 수북이 쌓이기 전에 얼른 분리수거함에 갖다 넣는 임무만 충실히 해주면 된다.

한번은 남편이 자고 있던 방에 들어갔던 아이가 휴대폰을 손에 들고 나왔다. 나는 그것을 보자마자 "애한테 휴대폰 준 거야?" 하고 소리를 질렀다. 편하게 자고 싶어 아이 손에 휴대폰을 쥐어줬다고 생각했기 때문이다. 하지만 아빠 머리맡에 놓인 휴대폰을 아이가 집어 들고 나온 것뿐이었다.

우리가 말하는 습관을 찬찬히 뜯어보면 놀라운 사실을 발견할 수 있다. 바로 '사실'대로 이야기하는 것이 참 어렵다는 것이다. 눈에 보이는 대로, 귀에 들리는 대로, 그저 있는 그대로 보고 들리는 대로 말했다고 하는데 자세히 살펴보면 말하는 사람의 추측, 평가, 비난 등이 고스란히 담겨 있다. 자신이 갖고 있는 경험으로 상황을 재해석해 버리는 것이다.

우리는 보통 평가하거나 해석한 것을 관찰로 오해한다. 평가가 섞인 관찰을 하거나, 평가를 하면서 있는 그대로의 사실을 말했다고 오해한다. 남편이 "매일 뭘 그렇게 시켜?"라고 말했을 때 '매일'은 남편의 입장에서 택배가 자주 온다는 의미로 쓴 것이다. 하지만 아내의 입장에서는 '어제와 오늘' 이틀 간 택배가 온 것을 마치 일주일 내내, 한달 내내 쇼핑을 한다고 비난하는 투로 들린다. 이럴 때는 바로 방어태세로 말하게 된다. "어제와 오늘 택배가 왔네. 뭘 시킨 거야?"라고 정보를 확인하는 질문이라고 전혀 생각하지 못한다.

남편이 퇴근 후 술자리가 있다고 말했을 때 아내가 말한다.

"또? 요새 매일 술이야."

"내가 언제 매일 술 마셨다고 그래?"

아마 아내의 입장에서는 남편의 술자리가 최근 들어 늘었다는 의미로 말했을 것이다. 하지만 우리는 이런 식의 대화방식에 익숙하다. 사실 그대로 말하는 것이 아니라 그 사실에 꼭 나의 평가를 담아 말한다.

아이를 대할 때도 마찬가지다. 평가와 해석이 담긴 언어는 아이와 연결되는 것을 방해한다. 엄마의 말속에 아이를 평가하고 비난하는 마음을 숨기고 있다면 아이는 귀신같이 알아채고 자신의 마음을 드러내는 것을 꺼린다. 있는 그대로 들어주는 것이 아니라 비난받고 평가받는 것이 두렵기 때문이다. 우리는 아이의 마음을 그대로 들어주고 온전히 옆에 있어줄 수 있는 엄마가 될 수 있어야 한다.

이제부터라도 있는 그대로 말할 수 있는 습관을 길러보자. 사물과 사람 그리고 상황을 있는 그대로 표현할 수 있어야 한다. 물론 서 있는 위치, 입장에 따라 그 객관적 사실조차 다를 수 있다. 손잡이가 있는 컵을 어느 쪽에서 보느냐에 따라 손잡이가 보이기도 하고 보이지 않기도 하기 때문이다.

하지만 평가와 해석이 들어가지 않는 관찰은 정보를 교환할 수 있도록 도와준다. 나를 방어하기 위해 변명하는 에너지가 전혀 소모되지 않기 때문이다. 단순한 정보들이 오가면서 아이의 마음과 가족의 마음을 알 수 있는 길이 열리는 것이다.

'우리 집은 대화만 하지 않으면 평화롭다'고 우스갯소리를 하는 가정이 있다. 대화를 하는 순간 싸움이 되고 감정이 악화된다는 것이다. 이런 가족은 분명 대화방법에 문제가 있다. 관찰이 되지 않고, 상황에 따른 '평가와 비난'이 곁들여지는 것이다. 대화를 나누는 시간이 길어질수록 서로를 이해하기는커녕 마음의 상처만 더해지고 상대가 자신을 이해하지 못한다는 생각만 깊어진다.

물론 대화를 하면서 평가나 해석이 없을 수는 없다. 다만 관찰이 뒷받침된 근거가 있어야 하는 것이다. 상대와 내가 모두 인정하고 받아들일 수 있는 평가와 해석이어야 한다.

다음의 예시는 일상에서 자주 사용하고 있는 평가나 해석의 말들을 관찰로 바꾸어 본 것이다.

1. 우리 아이는 공부하는 걸 싫어해.
→ 한글공부를 하자고 하면 아이는 하기 싫다며 다음에 하자고 그래. 지난 한 달 동안 학습지를 2페이지밖에 하지 못했어.

2. 또 유치원에 지각하겠다. 너 아침마다 왜 이렇게 꾸물럭 대니!
→ 아침에 밥 먹고 옷 입는데만 1시간이 걸렸어.

3. 너희들은 안 싸우는 날이 없구나.
→ 엄마가 보기에 장난감을 서로 갖고 놀겠다고 말다툼을 하고 있는 것 같은데, 무슨 일이야?

4. 너 왜 엄마 말을 듣질 않아 자꾸 잔소리 하게 만들어.
→ 외출하고 오면 손을 씻으라고 서너 번 얘기해도 "알았어" 대답만 하고 TV만 보고 있으면 걱정되고 속상해.

5. 서진이는 화가 나면 공격적이다.
→ 방금 장난감을 던지고 소리를 지른 걸 보니, 서진이가 무엇에 화가 난 거 같은데?

6. 예지가 엄마한테 삐졌구나.
→ 아이가 엄마에게 인사도 없이 유치원으로 들어간 걸 보니, 나한테 아직까지 화가 났나봐.

7. 우리 아이는 책 읽는 걸 싫어해.
→ 지난 일주일 동안 3권밖에 읽지 않았어.

8. 나를 골탕 먹이려고 일부러 그러는구나.
→ 선생님이 내어준 연필을 네가 연거푸 세 번이나 연필심을 부러트려 온 것을 봤을 때, 나를 골탕 먹이려고 일부러 그런다는 생각이 들어 속상했어.

9. 위험한 행동하면 못써!
→ 의자에 서서 뛰어내리는 행동은 떨어져 다칠 수 있기 때문에 위험해.

10. 우리 아이 착하구나.
→ 장난감을 친구가 가지고 놀도록 주는 걸 보니 착하구나.

객관적 사실이라고 생각하는 것들 뒤에 동전의 양면처럼 우리의 선입견과 편견 그리고 생각들이 달라붙어 있음을 알고 나면 놀랄 것이다. 특히 가족은 서로에 대해 공유하고 있는 시간과 기억이 많다. 그래서 더 객관적인 관찰의 시선으로 바라보는 것이 힘들 수 있다. '분명 ○○할 거야', '○○이라고 생각할 거야'라는 추측과 선입견이 상대를 객관적으로 바라보는 걸 어렵게 만든다. 서로를 잘 알고 있다는 생각이 때로는 소통에 방해가 되는 것이다. 이런 일방적인 추측과 해석은 정말 하고 싶은 이야기를 하려고 하기도 전에 감정만 상하게 된다. 대화다운 대화는커녕 싸움으로 가는 지름길이 되고 만다.

02

아이가 '싫어'라고 말할 때

많은 엄마들이 감정의 중요성에 대해 알고 나면 깜짝 놀란다. 여태껏 살아오면서 감정이란 것에 대해 진지하게 생각해 본적이 없기 때문이다. 서양인들을 보면 감정표현이 유난히 커서 보고 있는 우리가 오히려 어색하게 느껴질 때도 있다. 말과 표정에 모두 감정을 싣고 있기 때문이다.

반면 우리는 상대방을 신경 쓰는 문화에서 살다보니 온전히 내 감정을 드러내기보다는 상대를 고려하며 감정을 드러내는 것에 익숙하다. 기쁜 일도 과하게 표현하면 시기할까봐, 내가 슬퍼하면 상대를 불편하게 할까봐 등등 온전히 자신의 감정에 집중하지 못한다. 이렇듯 감정을 축소시키거나 억누르다보니 그 감정의 원인이 되는 자신의 욕구를 살피는 일에도 둔해졌다.

이렇듯 엄마들이 자신의 감정을 살피고 욕구를 찾는 일이 익숙하지 않다보니 아이들의 감정을 읽고 숨은 욕구를 찾는 것에도 서툴기 마련이다.

감정(슬프다, 외롭다, 즐겁다, 신난다, 재밌다, 설레다, 긴장된다, 힘이 빠진다)을 나누면 역지사지하여 상황을 볼 수 있도록 도와준다. 같은 경험을 나눌 수는 없지만 감정을 공감하는 것은 충분히 가능하기 때문이다. 서로의 감정을 살피고 인정해주는 것만으로 우리는 이해받는 느낌을 받을 수 있고, 이해받는다는 생각이 들면 상대에게 자신의 마음을 열기도 한결 수월해진다.

이제 3살인 예서는 '싫어. 미워'라는 말을 달고 산다. 조금만 자기 마음에 들지 않으면 자동적으로 입에서 내뱉는 말이 바로 "싫어. 미워"이다. 특히 동생과 놀다 엄마로부터 "싸우지 마. 사이좋게 놀아"라는 말을 들을 때면 더욱더 심하다. 이렇다 보니 엄마는 예서가 갈수록 다루기 힘든 아이가 되어 간다고 하소연을 한다. 두 아이가 장난감 하나를 두고 싸우는 일이 허다하다 보니 엄마는 엄마대로 육아 고통에 따른 두통을 호소하고, 예서는 예서대로 성에 차지 않는 놀이방식 때문에 스트레스를 받는다.

아이들이 "싫어"라고 말하는 시기가 있다. 보통 두돌즈음이 되는 시기다. 자아가 형성되기 시작하면서 나와 너의 구분이 생긴다. 아이는 자신이 원하는 것을 무조건 하고 싶어 한다. 하지만 마음처럼 몸이 따라주지 않을 때도 있고, 상황상 제한이 따르기도 하다 보니 아이는 온전히 자신을 드러내는 것에 종종 제재를 당하게 된다. 이때 우리는 아이의 "싫어. 미워" 뒤에 감춰진 욕구가 무엇인지 추측할 수 있어야 한다.

예서가 동생과 사이좋게 놀기 원하는 엄마의 바람은 "싸우지 마"라고 소리치는 것으로 표현되었다. 아이는 말이 아닌 행동으로 배운다. 아이는 동생과 사이좋게 어울려 노는 것이 어떤 것인지 알지 못한다. 재밌어 보이는 장난감을 독차지하고 싶어 하는 아이의 마음은 지극히 정상적이며 당연한 것이다. 동생과 사이좋게 놀라고 윽박지를 것이 아니라, 아이의 표현 뒤에 있는 숨은 욕구를 찾을 수 있어야 한다. 아이는 "내가 좋아하는 장난감을 가지고 충분히 놀고 난 다음에는 동생에게 이 장난감을 양보할 수 있을 것 같아요. 그런데 내가 막 가지고 놀려고 할 때 동생이 와서 장난감을 가지고 가려고 하니깐 너무 화가 나요"라고 말할 수 없다.

이렇게 논리적으로 자기표현이 가능한 아이라면, 엄마가 소리칠 일도 동생과 싸울 일도 없겠지만 아마 10년쯤은 더 지나야 가능할 지도 모르겠다. 아이의 표현방식은 "싫어. 미워"처럼 단순하다. 그 단순한 표현 안에서 아이의 욕구를 찾아 읽을 수 있는 것이 엄마의 몫이요, 역할이다. 자신의 마음을 알고 인정해주는 엄마 앞에서 아이는 다른 선택이 가능해진다. 엄마가 자신의 마음을 이해하고 있다고 믿을 수 있기 때문이다.

반면 엄마가 자신이 원하는 것을 인정해주지 않는다면, 자신이 하고자 하는 것을 영영 이룰 수 없다고 생각하기 때문에 아이는 자신의 행동을 고집하게 된다. "우리 아이는 왜 그런지 몰라!"라고 하소연하기 전에 "우리 아이는 왜 이런 행동을 하는 걸까?"라고 생각해 보길 권한다. 이유 없는 반항이 없듯 아이의 행동 뒤에는 반드시 그 이유가 있기 마련이다.

아이의 욕구를 읽으려면 단순히 표면적으로 드러나 있는 아이의 행동을 보고 감정적으로 반응하지 않을 수 있는 마음의 공간이 있어야 한다. 아이들이 장난감 하나를 사이에 두고 실랑이를 벌이는 상황이 엄마에게 자극이 되지 않으려면 엄마 안에 묵은 감정을 처리해야 한다. 어린 시절 오빠와 다툴 때면 친정엄마가 꼭 자신만 혼을 내서 억울했던 경험을 갖고 있는 엄마라면 유독 첫째를 더 혼내게 된다. 그러면 엄마는 아이 사이를 중재하는 것이 아니라 판사나 변호사가 되어 버린다.

아이의 감정표현이 엄마에게 자극이 된다면 엄마 안에 묵혀두었던 다른 감정이 올라와 아이의 감정을 있는 그대로 바라볼 수 없게 된다. 아이가 울 때 아이의 슬픔이 슬픔 그대로 보이지 않고, 짜증이나 분노가 이는 경우이다. 울음소리가 엄마 안에 묵은 감정을 건드렸기 때문이다.

아이가 18개월이 넘어가자 감정표현이 다양해졌다. 이전에는 좋으면 마냥 웃고, 싫으면 소리를 지르고 울어버리던 것에서 토라지는 감정표현이 더해졌다. 자신의 성에 차지 않으면 이불로 달려가 베개에 얼굴을 처박고 엎드려 누워버리거나, 엄마나 아빠에게 등을 돌리고 벽을 보며 앉아 토라진 감정을 표현했다. 먹을 것을 유독 좋아하는 아이에게 딸기나 치즈로 회유하려 해도 아이는 꿈쩍도 하지 않아 놀랐던 기억이 난다.

"우리 준이, 화났어? 뭐 때문에 화 난거야?" 하고 몇 차례 감정을 어루만

져주는 말들이 오고가면 아이는 이내 마지못한 척 돌아앉거나 일어나 앉아 나에게 다시 안기고 간식을 먹었다. 남편과 나는 어디서 저런 것을 배웠냐며 웃었지만, 이렇듯 아이의 감정표현이 점차 다양해짐을 알 수 있었던 계기가 되었다.

아이에게 "이제 자자"라고 말했을 때 더 놀고 싶어 우는 아이에게 "얼른 자자"라고 말해봤자 울음소리만 더 커진다. "자기 싫어?"라고 말해도 마찬가지다. "준아, 더 놀고 싶은 거야?"라고 말하면 울음을 뚝 그치고 두 눈을 크게 뜨고 엄마를 쳐다본다. 자신의 마음을 엄마가 알아줬기 때문이다. 그렇다고 마냥 아이가 원하는 대로 놀아줄 수도 없고 어떻게 해야 할까?

아이의 감정을 읽어주고 욕구를 찾아 엄마가 대신 표현해 주었는데도 아이가 계속해서 자신이 하고 싶은 것만을 고집한다면 엄마들은 몇 차례 더 아이를 달래다 지쳐 버리고 결국엔 "얼른 자!" 하고 화를 내며 소리쳐 버린다.

엄마들이 육아서를 찾아 읽고, 책에서 말하는 대로 아이의 감정을 읽어주고 공감해주려고 애쓰는 이유는 아이를 잘 돌보고 싶어서다. 일방적으로 화를 내면 아이가 상처받고 그러다 보면 정서적으로 좋지 않을 거라는 염려 때문이다. 그런데 엄마들이랑 한참 이야기를 하다보면 처음의 그 마음보다는 '어떻게 하면 아이를 내가 원하는 대로 행동하게 만들 수 있을까?'로 고심하고 있다는 걸 알게 된다. '아이가 내 말을 안 들어 너무 힘들다'로 시작하는 엄마들의 하소연은 결국 '아이를 내 뜻대로 움직이게 하는 마법의 말'을 가르쳐달라는 부탁으로 마무리되곤 했다.

책에서 알려주는 대로 아이가 삐지고 떼쓸 때 대처 대화방법을 찾아 그대로 적용해 보지만 내 아이는 책 속의 아이와 달리 통하지 않는다. 그럴 때면 답답해진다.

나는 엄마들이 이 한 가지를 꼭 알았으면 한다. 바로 아이의 존재 그 자체를 인정해 주어야 한다는 것이다. 입으로는 "난 우리 아이를 사랑해. 존재 자체를 사랑하고 인정한다고!"라고 하지만, 본바탕에는 아이를 작고 어리다고 내 마음대로 할 수 있다는 생각이 깔려 있다. 내 맘대로 할 수 있다는 생각, 내 가르침을 반드시 따라야 한다는 생각이 없다면 아이가 말을 듣지 않는다고 그렇게 화가 나거나 약이 오르진 않을 것이다.

"그럼 아이가 잘못된 행동을 하는데, 그냥 가만히 보고만 있어야 하나요?"라고 한껏 목소리를 높이는 엄마들이 있을 것이다. 예를 들어보자. 비 오는 날 감기에 걸린 아이가 자꾸 밖으로 나가자고 한다. 아이는 춥든 말든 아프든 말든 그저 막무가내로 나가자고 한다. 엄마가 못 나가게 하니 소리를 지르고 화를 낸다. 엄마는 책에서 배운 대로 "밖에 나가고 싶은데 엄마가 못 나가게 해서 속상하고 화가 나?"라고 아이의 감정을 읽고 공감해주려 하지만 아이에게 통하지 않는다.

아이는 왜 나가고 싶어 할까? 엄마가 못 나가게 해서 속상하고 화가 난 것 전에 아이가 계속해서 밖으로 나가고 싶어 하는 이유가 있을 것이다. 그것은 묻지도 않은 채, 엄마가 아이에게 제재를 하고 2차적 감정에 대해서만 읽어주는 오류를 범하고 있다. 엄마들이 허용과 통제 사이에 균형을 찾을 수 있었으면 좋겠다. 아이에게 '마법의 대화 공식'을 적용해 말했다고 하더라도 그 부탁이 받아들여질 수도 그렇지 않을 수도 있다. 아이에게 하는 부탁이 통하지 않았다면, 이젠 엄마가 자신에게 부탁을 할 차례다.

아이는 감기에 걸렸고 비가 오는데도 나가자고 한다. 그렇다면 나가고 싶어하는 아이의 욕구를 충족시킬 수 있는 다른 방법은 없는지 찾아보아야 한다. 옷을 따뜻하게 입혀 유모차에 태워 나간다든지, 실내 창이 큰 카페에 데려가 밖에 비가 내리는 광경을 가까이서 볼 수 있게 한다든지, 집에만 있어 심심해서 나가고 싶어했다면 아이가 좋아하는 친구나 그 가족을 집으로 초대할 수도 있다.

아이가 원하는 것을 들어줄 수 있는 방법을 다양하게 생각해보자. 아이는 단순히 한 가지 방법만 알기 때문에 그것만을 고집하는 것이다. 아이가 '무조건 밖으로 나가려 한다'는 행동에 초점을 두지 말고, '무엇' 때문에 나가려 하는지 어떤 욕구를 충족시키고 싶어서 그러는 것인지에 초점을 둔다면 엄마는 다른 방법들을 찾을 수 있다.

<아이의 욕구를 충족시키는 다양한 방법 찾아보기>

① 호기심

밖에 나가면 볼 게 많다.

→ 밖이란 장소에 대한 선택지 넓히기. 마트, 카페 등의 실내공간

② 재미

집에서만 놀아서 심심하다.

→ 아이가 좋아하는 친구 또는 그 가족을 집으로 초대하기

③ 놀이

더 놀고 싶다.

→ 10분만 더 놀고 자는 거야.

하고 있던 놀이가 있었다.

→ 이 퍼즐만 맞추고 자는 거야(하고 있던 놀이가 끝날 때까지 기다려준다).

아이에게 다른 선택지를 제시해 주면 아이의 고집도 환기가 되고 사고의 전환이 이루어진다. 자신의 욕구가 충족된 경험을 하게 되면 아이도 더 이상 막무가내로 고집을 부리지 않는다.

아이가 어리다고 아이가 느끼는 감정의 크기조차 작다고 여겨선 안 된다. 아이는 숟가락질을 스스로 하지 못하게 했다는 사실 하나로도 절망감

을 느끼고 좌절할 수도 있다. 또 자신이 좋아하는 아이스크림을 먹을 수 없게 됐다는 사실 하나에 세상이 무너지는 듯한 기분을 느낄 수가 있다는 이야기다. 어른이 보기에는 아무렇지도 않은 일에 괜히 고집을 피우고 심통을 부린다고 여길지 모르지만 아이에게는 무엇보다 중요한 것들이다. 아이가 느끼는 감정을 축소하거나 왜곡하지 말고 아이의 입장에서 그대로 공감하려는 노력이 필요하다. 그래야 아이의 단순한 표현 뒤에 감춰진 아이의 욕구를 찾는 일이 한결 수월해진다.

엄마가 아이가 원하는 것을 알아주고 표현해주면 아이는 엄마를 신뢰할 수 있고 그래서 안심할 수 있다. 엄마가 자신의 마음을 잘 알고 있으므로 언제라도 원하는 것을 줄 것이라는 믿음이 생겨 지금 당장 해결되지 않아도 불안해지지 않기 때문이다. 반면 엄마가 아이의 마음을 몰라주면 지금이 아니면 그것을 얻지 못할 것이라는 생각에 아이는 더욱더 고집을 피우고 심통을 부리게 된다.

03

아이가 재차 같은 말을 하며 매달릴 때

가족치료 분야의 선구자 버지니아 사티어는 '언어적 측면의 대화'와 '비언어적 측면의 대화'가 일치되지 않는 경우 대화는 오히려 '역기능'을 한다고 했다. 낮은 자존감을 가지고 있는 사람들은 감정과 느낌에 충실한 대화를 하기 어렵기 때문에 역기능의 대화를 하게 된다는 것이다. 이처럼 의사표현을 할 때는 '원하는 것을 알고 명확하게 표현'하고 '언어적인 측면과 비언어적인 측면도 일관'되어야 한다.

한 엄마가 첫째 아이 유치원 입학식에 참석하고 와서는 유치원 선생님이 해주신 이야기를 우리와 나눴다. 언변이 참 좋다는 원장선생님은 학부모들에게 여러 가지를 이야기해줬는데 그중에 하나가 아이와 대화할 때 '솔'

음에 맞춰 이야기하라고 했단다. 몇 가지 문장을 알려주며 '솔' 음에 맞춰 다 같이 말해보는 연습을 할 때는 어색하고 웃음이 터져나오더라는 내용이었다. 아이와 이야기할 때는 내용뿐만 아니라, 목소리의 높낮이와 같이 '말의 표정'에도 신경을 써야 한다.

말투, 목소리 외에도 비언어적인 요소인 태도, 눈빛, 제스처 등이 일관되면 서로 간의 이해가 더 깊어질 수 있지만, 반대로 비언어적인 요소와 언어적인 요소가 일치하지 않은 경우 오해가 생기기도 한다.

이는 캘리포니아대학교 로스앤젤레스 캠퍼스 심리학과 교수인 앨버트 메라비언(Albert Mehrabian)이 발표한 '메라비언의 법칙'을 통해 확인할 수 있다. 메라비언의 법칙은 대화에서 시각과 청각 이미지가 중요시된다는 커뮤니케이션 이론으로, 한 사람이 상대방으로부터 받는 이미지는 시각이 55%, 청각이 38%, 언어가 7% 영향을 준다는 법칙이다.

상대방과 얼굴을 마주보고 대화할 때 상대가 말로는 호의를 표현해도, 시선이 다른 곳을 향하고 있던지 표정이 굳어있거나 목소리가 딱딱하다면 우리는 대부분 자신도 모르게 비언어적 요소를 관찰하게 되며 상대가 한 말의 진위 여부를 판단하게 된다. 이는 우리가 말의 내용보다는 시각적인 요소를 통해 상대방 말의 진실성을 가늠해 본다는 뜻이다. 말의 내용은 꾸며낼 수 있지만 얼굴 표정이나 태도 등은 억지로 꾸며내는데 한계가 있기 때문이다. 예를 들면 정말 마음에서 우러나서 하는 칭찬인지 아니면 인사치레로 하는 칭찬인지 상대가 느낄 수 있는 것이다.

또한 얼굴 표정 연구의 대가인 에크먼(Paul Ekman) 박사는 상대가 거짓말을 하면 나타나는 표정이 있다고 했다. 거짓말을 할 때 얼굴의 좌우 대칭이 약간 어긋나거나, 얼굴에서 표정이 나타났다 사라질 때의 흐름이 매끄럽지 못하다는 것이다. 마찬가지로 목소리에도 숨길 수 없는 표정이 있다.

말로는 "괜찮다"라고 하면서 목소리가 날카롭거나 경직되어 있다면 이것은 전혀 괜찮지 않은 메시지로 받아들여진다. 톤이 높고 다소 흥분한 목소리에서는 감정적으로 흥분한 상태임을 짐작할 수도 있다.

아이가 하는 말에 건성으로 대답해본 경험이 있다면 아마 알 것이다. 아이는 재차 같은 것에 대해 말한다. 자신이 한 말을 엄마가 잘 들었는지 확신이 서지 않기 때문이다. 엄마는 바쁜데 왜 자꾸 같은 걸 묻느냐며 더 건성으로 대답했을지도 모른다. 그럴수록 아이는 더 매달리게 된다.

이처럼 아이들은 엄마가 자신을 환영하고 있는지, 귀찮아하며 무시하고 있는지 본능적으로 알 수 있다. '솔' 음으로 목소리 톤을 맞추는 것도 중요하겠지만, 아이에게는 자신을 대하는 태도에 관심과 애정이 있는지가 더 중요하다.

아무리 말로는 "좋아, 괜찮아"라고 말해도 아이에게 전해지는 비언어적인 요소가 이와 일치하지 않는다면 아이는 자신을 수용 받는 경험을 할 수가 없다. 받아들여지지 않는다는 느낌은 아이의 자존감에 손상을 주며, 어떤 것이 진짜인지 알 수 없기 때문에 혼란스럽게 만든다. 그렇기 때문에 상대방을 계속해서 살피고 재촉하게 된다.

모든 사람들은 자신이 환영받기를 원한다. 그리고 아이들은 존재 자체로 충분히 환영받을 권리가 있다. 아이가 엄마를 필요로 할 때 관심을 가지고 바라볼 수 있어야 한다.

설거지를 하고 있는데 아이가 와서 자꾸 동화책을 읽어달라고 하면 "알았어"라고 말하고 엄마는 계속해서 설거지를 한다. 그러면 아이는 떼를 쓰며 재촉하고 엄마는 고개만 돌려서 짜증난 얼굴로 "엄마 설거지하고 있잖아"라고 말할 것이다. 아이가 원할 때는 아이 근처로 가서 눈을 맞추고 이야기하길 바란다. '잠깐만 기다려'라는 말을 아이는 이해하지 못함을 우리는 경험으로 알고 있다. 밀린 설거지보다 밀린 아이와의 시간을 더 가꿀 수 있었으면 한다.

동화책을 읽어달라고 엄마에게 요청하는 아이에게 "알았어"라고 대답만 하고 설거지를 계속하는 엄마의 모습과, 외출하고 돌아와 손을 씻으라는 엄마의 말에 "알았어"라고 대답만 하고 TV만 보고 있는 아이의 모습은 닮아 있다. 자신의 욕구를 바로 충족해본 경험이 있는 아이는 다른 사람의 욕구도 똑같이 중요하다는 것을 알게 된다는 점을 잊지 말자.

04

"엄마 미워!"라고 말할 때

육아서를 많이 읽어 아이에 대해 머리로는 잘 알고 있다 생각해도, 아이들의 말과 행동에 공감하기 어려울 때가 있다. 상담 요청을 해왔던 많은 엄마들에게 아이에게 가장 약 오를 때가 언제냐고 물어보았다.

"몰라서 그러는 것이 아니라, 알면서 일부러 그러는 것 같을 때 너무 화가 나요."

사실 내 말을 못 들어서 혹은 뭐가 잘못됐는지 모르고 어떤 일을 했을 때는 수용하기가 쉬운 반면, 아이가 '일부러' 못 들은 척하고, 자신이 하면 안 된다는 것을 잘 알면서 또다시 그것을 할 때 엄마들은 '참기 힘들다'라고 말했다.

하지만 아이들이 자신이 무엇을 잘못해서 꾸중을 듣는 것인지 그 이유에 대해 잘 알고 있다고 생각하는 자체가 모순이다. 아이는 아이일 뿐, 만약 그걸 알고 하지 않는다면 그 나이의 아이가 아닐 것이다. 아이는 그저 자신이 한 어떤 행동으로 인해 꾸중을 듣는다는 것을 연결시킬 수 있을 뿐이다. 아이는 물건을 던지고 뛰어다니면 엄마에게 야단맞는다는 것을 경험상 잘 알고 있지만, 왜 자신이 혼나야 하는지 엄마가 왜 그렇게 화를 내는지에 대해서는 이해하지 못한다.

5살 율이는 오늘 또 동생을 괴롭혀 엄마에게 야단을 맞았다. 돌도 채 지나지 않은 동생에게 이불을 덮어씌우고 있었던 것을 엄마가 발견한 것이다.

"네가 뭘 잘못했는지 알아?"

"동생한테 이불 덮어줘서……."

"알면서 왜 그랬어!"

엄마는 율이가 동생한테 이불을 덮어씌우는 것이 위험하다는 것을 잘 알면서 그랬다고 여기고 있다. 하지만 율이는 자신의 행동으로 엄마가 화를 냈기 때문에 그 둘을 연결시킬 수는 있지만, 왜 자신이 혼나야 하는지는 알지 못한다.

아이들이 가장 좋아하는 놀이 중 하나가 이불을 덮어쓰고 노는 놀이다. 다른 것 없이 달랑 이불 한 장이면 충분하다. 그것을 씌워주면 뭐가 그리 즐거운지 신나하는게 그저 신기할 따름이다. 아마 율이도 자신이 좋아하는 놀이를 동생에게 해주려고 했을 것이다. 엄마는 율이가 동생을 괴롭히는 것이라고 해석했던 행동이 실은 동생과 재밌는 놀이를 함께하고 싶었던 것이다.

해석의 차이는 이렇게 오해를 만든다. 그래서 나는 언제나 먼저, 물어보라고 권한다. “왜 동생에게 이불을 씌운 거야?”라고. 엄마 마음대로 해석하기 전에 물어보아야 한다.

어린이집에 6살 경태를 마중 갔던 엄마는 선생님께 오늘 있었던 일을 전해 듣고 마음이 무거웠다. 아이들에게 그림을 그릴 수 있도록 연필을 한 자루씩 나눠주었는데, 경태가 그 연필을 받자마자 심을 뚝 하고 부러뜨리고는 다른 연필로 바꿔 달라고 했다는 것이다. 두 번까지는 그러려니 했던 선생님도 세 번쯤 그 일이 반복되자 신경이 쓰였고 일부러 심을 부러뜨리는 아이의 행동에 대해 엄마에게 전한 것이다. 엄마는 집에 돌아와 아이에게 왜 연필심을 부러뜨렸는지 물었다.

“○○이가 △△캐릭터 있는 연필을 받았어. 나도 그거 갖고 싶었어.”

아이의 대답은 의외였다. 선생님이 나눠준 연필에는 당시 인기 만화의 캐릭터가 종류별로 그려져 있었는데, 아이가 원하는 캐릭터가 그려진 연필을 받지 못하자 아이는 심을 부러뜨려 자신이 원하는 캐릭터가 그려진 연필을 받을 때까지 연필을 바꾸고자 했던 것이다(이 말을 전해 들은 어린이집 선생님은 이후 모두 같은 그림이 그려진 연필세트로 다시 구입했다).

일부러 어떤 행동을 한다고 생각하면 아이의 행동을 있는 그대로 보기 힘들다. 앞서 말했듯이, 아이의 행동을 공감하기 어려울 때는 먼저 '이유'를 물어보아야 한다. 아이의 대답을 듣고 나면 이해하게 되는 것이 대부분이다.

가끔 너무 서운한 나머지 배신감마저 드는 강렬한 말을 아이들이 할 때가 있다.

"엄마가 너무 싫어. 없어졌음 좋겠어."

"○○이가 죽어버렸음 좋겠어."

이럴 땐 "왜 그런 말을 하는 거야?"라고 물어도 놀란 가슴이 훅 내려갈 만한 대답이 안 나올 때가 많다. 아이의 입에서 나온 뜻밖의 무서운 말들에 가슴이 철렁하는 한편, 엄마나 아빠가 없어져 버렸으면 좋겠다는 말은 아이에게 배신감이 들어 화가 나기까지 한다.

K씨네 가족은 주말부부로 지내고 있다. 아빠는 승진시험을 앞두고 주말에 내려올 것인지 말 것인지 고민하다가 결국 집에 왔고, 집에 왔지만 승진시험공부 때문에 아이와 놀아주지 못하고 도서관에서 시간을 보내다 다시 회사가 있는 곳으로 돌아갔다. 엄마가 큰아이의 방 청소를 하다가 낙서 하나를 발견했는데 종이에는 휘갈겨 쓴 글씨로 이렇게 쓰여 있었다.

'아빠가 죽어버렸음 좋겠어.'

엄마는 너무 놀라 가슴이 벌렁거렸다. 평소 아이와 남편과의 문제는 전혀 없었다. 주말부부라 늘 같이 하지는 못했지만, 주말이면 아빠는 아이와 신나고 즐겁게 놀았기 때문에 이 둘 사이 관계에는 전혀 문제가 없어 보였다. 그런데 아이는 왜 이런 표현을 한 것일까?

먼저 아이를 불러 자초지종을 물었다. 아이는 처음에 자기가 한 것이 아니라며 발뺌을 하다가 이내 이렇게 말했다.

"아빠가 집에 와서도 나랑 놀아주지 않았어. 그럴 거면 왜 집에 온 거야?"

아이는 아빠가 자신과 놀아주지 못해 섭섭한 마음을 이런 식으로 표현한 것이다. 정말로 아빠가 죽어버렸으면 하는 마음에 이 글을 쓴 것은 아니었다.

하지만 이와 같이 아이의 과격한 말과 행동의 표현으로 공감이 쉽지 않은 경우가 종종 생긴다. 아이의 표현이 과격할수록 그 감정의 정도가 크다고 이해하면 된다. 자신이 아는 최대한의 강도로 자신의 마음을 표현한 것이다. 아이는 자신이 그 당시 느꼈던 그 느낌을 표현한 것에 불과한 것이다. 시간이 지나고 상황이 바뀌면 아이는 그 일을 곧 잊어버리기 일쑤다. 지금 이 순간의 감정에 충실할 수 있는 것, 아이들이기에 가능하다.

그리고 '양가감정'이란 말이 있다. '어떤 대상이 좋기도 하면서 싫기도 하는 감정'을 일컫는다. 어른들도 양가감정이 있다. 상황에 따라 누군가가 정말 감사했다가 또 상황에 따라 같은 대상이 밉기도 하다. 아이들도 마찬가지다. 어른은 그 감정에 대해 성숙한 방법으로 표현하거나 솔직하게 표현하지 못하지만, 아이들은 그렇지 못할 뿐이다. 자신이 아는 방법에 한계가 있기 때문에 표현이 성숙하지 못하다.

이런 감정상태는 아이들의 일반적인 특징 중 하나다. 엄마가 아무리 잘 해주더라도 단 한 번 자신이 화가 나고 짜증이 나는 일을 겪으면 금새 '나쁜 엄마'라고 생각하는 것이다. 여러 경험이 모여 엄마에 대한 통합적인 상이 형성되기 전에는 부분적이고 단편적인 상황들에 의해 '좋은 엄마'와 '나쁜 엄마'로 아이들은 구분해서 경험하게 된다.

이처럼 아이의 말과 행동을 공감하기 어려울 때, 우리가 할 수 있는 최선의 방법은 아이가 왜 그런 말을 하고 그렇게 행동했는지 물어보는 것이다. 아이를 공감하기 어렵다는 것은 아이를 이해할 수 있는 정보가 부족하다는 뜻이기도 하다. 정보가 부족할 때는 내 선입견으로 아이를 판단하기 전에 먼저 물어보자.

아이에게 먼저 물어보세요. 엄마의 해석이 오해를 낳고 그 오해는 아이 마음속에 억울함을 낳습니다.
"동생이랑 싸우지 마. 왜 싸운 거야?"
"안 싸웠는데?"
"동생과 사이좋게 지내야지."
"몰라. 모르겠는데?"
물어보는 데도 방법이 필요합니다. 방금 엄마가 보고 들은 것을 토대로 말해야지요. 그것을 바탕으로 "싸웠다고" 판단해서는 안 돼요. 그리고 상황을 모르겠다면 단순하게 물어보세요. "엄마가 걱정이 되서 그러는데 너희들 무슨 일이야?" 엄마는 판사가 되어서도, 한 아이의 편에 선 변호사가 되어서도 안 돼요. 엄마는 중재자로서 둘 사이의 의견을 충분히 경청할 수 있어야 합니다.

05

아이를 망치는 칭찬과 꾸중vs 아이를 성장시키는 칭찬과 꾸중

〈칭찬의 기술〉

'칭찬은 고래도 춤추게 한다'지만, 무턱대고 칭찬을 많이 한다고 좋은 게 아니라는 사실을 이제 많은 사람들이 알고 있다. 오히려 과한 칭찬은 신뢰를 잃게 만들기도 한다. 아이에게 칭찬을 할 때는 진정성이 담긴 칭찬이 필요하다. 이때 칭찬으로 아이의 행동을 조정하려는 의도가 있어서는 안 된다. 그 의도를 포장하더라도 결국에는 드러날 것이다.

또한 부적절한 칭찬은 비난만큼 해롭다. 아이의 기를 살린다는 명목으로 무조건적이고 무분별한 칭찬을 하는 경우가 많다. 아이는 칭찬받지 못하는 일에는 아예 흥미를 보이지 않게 될 수도 있고, 부모와 '거래'를 원하게 될 수도 있다.

"그거 하면 뭐 해줄 건데?"

부모가 좋은 의도로 한 칭찬이지만 이처럼 해로운 결과를 가져올 수도 있음을 알아야 한다. 아이가 다른 사람에게 인정받기 위해 어떤 행동을 하는 것이 아니라, 그 일을 함으로써 자신과 다른 사람의 삶을 풍요롭게 하고, 또 거기서 느껴지는 기쁨과 만족감을 위해 그 일을 스스로 선택할 때 아이는 행복의 가치를 배울 수 있다.

지난겨울 어느 날 아이와 함께 동물원에 방문했을 때다. 겨울이지만 봄처럼 따뜻한 날씨 탓에 많은 인파가 몰렸다. 우리 앞에는 4~5살 남짓 되어 보이는 여자아이가 할머니, 엄마와 함께 동물을 구경하고 있었다. 할머니는 아이에게 날씨가 따뜻하니 머플러를 풀어 가방에 넣으라고 했고 아이는 곧바로 고사리 같은 손으로 자신의 목에 감긴 머플러를 풀어냈다.

그러자 할머니가 아이의 행동에 "아유, 착해라"라고 반응했다. 아이가 푼 목도리를 가방에 넣자 할머니는 또다시 "아유, 착해라. 착해"라며 연신 착하다를 연발하고 계셨다. 자신이 원하는 행동 하나하나를 아이가 해낼 때마다 '착하다'라는 말이 뒤따랐다. 이 안에는 자신의 말을 잘 들으면 착한 아이가, 듣지 않으면 나쁜 아이라는 평가가 담겨 있다. 이런 경우는 주위에서 쉽게 찾아볼 수 있다.

우리는 자신이 갖고 있는 도덕적 기준, 편견, 선입견으로 아이를 판단해

버리는 실수를 많이 하고 있다. 이제는 이분법적인 사고로 아이를 평가하는 방식에서 벗어나야 한다.

엄마가 빨래 개는 걸 도와주다니, 참 착한 아이구나!

→ ○○이가 빨래 개는 걸 도와줘서 엄마가 좀 더 수월하게 집안일을 해낼 수가 있었어. 고마워.

엄마 심부름을 해주다니, 넌 정말 착한 아이야! 멋진 우리 아들, 최고!

→ ○○이가 엄마 대신 슈퍼에서 두부 한 모를 사다줘서 엄마가 저녁 식사 준비를 하는데 많은 도움이 되었어. 고마워.

두 살배기 아이가 혼자서 끙끙대며 신발에 발을 집어넣으려고 애쓰더니 용케 해냈다. 환하게 웃으며 기뻐하는 아이에게 이렇게 칭찬해줄 수 있다.

아이고 우리 ○○이 혼자 신발도 다 신고. 똑똑해. 천재네. 최고야!

→ 우리 ○○이, 혼자 할 수 있는 일이 또 하나 늘었구나. 축하해!

→ 우리 ○○이가 혼자 신발을 신었네! 직접 신발을 신으려고 애썼는데 ○○이가 해내서 즐거워하는 걸 보니 엄마도 기쁘다.

인사를 잘하는 아이에게

우리 아이 참 예의 바르다. 착한 어린이야.

→ 엄마가 출근할 때 "다녀오세요" 하고 인사해줘서 고마워.

정리정돈을 잘한 아이에게

장난감을 깨끗이 정리하다니, 우리 아이 참 정리정돈 잘하네! 멋지다. 최고!

→ 놀고 난 뒤에 장난감을 제자리에 정리해두니 깨끗한 거실에서 가족이 모두 둘러 앉아 쉴 수 있어 기쁘다. 고마워.

칭찬의 포인트는 다음과 같다.

1. 아이가 해낸 일에 대해 축하하고, 그 일로 인해 충족된 자신의 욕구에 대해 감사하다고 말하는 것이다.

아이의 행동을 우리가 가진 도덕적 기준의 잣대에 대입해 평가하고 판단해 칭찬하는 것이 아니다. 아이의 감정과 충족된 욕구를 함께 축하해주고, 또 아이의 행동으로 인해 엄마가 느낀 감정과 충족된 욕구를 표현해주는 방식으로 아이의 행동을 칭찬할 수 있다. 이는 '착한 아이'라는 꼬리표에 묶여 다른 사람의 인정을 위해 행동을 선택하는 것이 아니라, 자신의 삶과 다른 사람의 삶을 풍요롭게 해주는 일을 즐거운 마음으로 선택(행동)할 수 있도록 해준다.

2. 아이의 칭찬하고 싶은 모습을 구체적으로 말해주어야 한다.

두루뭉술하게 "우리 아이 대단해. 최고야. 천재야"라든지 "착한 어린이야”라는 말은 아이가 어떤 행동이나 말로 인해 칭찬받았는지 제대로 알기가 어렵다. 그리고 부모가 이런 칭찬을 하는 기준이 모호하기도 해서 아이는 어떨 때는 ‘최고야!’라고 칭찬을 받다가 어떤 때는 칭찬을 받지 못하기 때문에 혼란스럽기도 한다. 또한 근거 없는 칭찬은 진정성도 없고 아이에게 부담만 안겨 줄 수 있다. 칭찬에도 근거가 있어야 한다.

넌 원래 머리가 똑똑하니깐 잘할 거야.

→ 이번에도 수학 100점 받았네. 넌 수학에 재능이 있어!

물론 언제나, 늘, 열이면 열 번 다 이런 식의 칭찬만을 해야 하는 경우만 있는 것은 아니다. 아이가 블록을 쌓아 올려 나에게 보여 줄 때 “와, 준이가 블록을 이만큼 쌓았어? 대단해!” 아이가 노래에 맞춰 춤을 출 때 “우리 준이 춤 잘 추네. 잘한다!”라며 아이의 행동을 치켜세워준다. 내가 그렇게 말하는 순간엔 아이의 기쁨을 온전히 축하하고자 하는 마음이 담겨 있을 뿐이다. 무언가를 해내고 나서 활짝 웃으며 엄마를 쳐다보는 아이를 보면 내 안에도 기쁨과 흥겨움이 올라오기 때문이다.

〈꾸중의 기술〉

이번에는 아이의 행동에 대해 꾸중을 해야 할 경우에 대해 알아보자. 아이를 키우면서 야단을 치지 않을 순 없다. 어떤 부모들은 아이의 기를 살

리려고 어떠한 꾸중도 용납하지 않는다지만 이 또한 교육상으로 좋지만은 않다. 아이를 부모 옆에 끼고 평생 살려는 것이 아니라, 아이가 성장하여 사회로 나가 다른 사람들과 화합하며 어울릴 수 있길 바란다면, 사회에 이바지할 수 있도록 아이가 자신의 행동에 따른 결과에 대해서 책임질 수 있도록 가르쳐야 한다. 물론 이때도 중요한 것은 어떤 '방식'으로 가르쳐 줄 것인가다.

바로 부모의 '태도'가 중요하다. 꾸중은 아이가 좀 더 나은 모습으로 성장하길 바라는 부모의 마음에서 하는 것이지만, 잘못된 방식으로 하게 되면 아이에게 큰 상처를 입힐 수 있다. 특히 완벽주의형 부모는 아이가 잘한 것은 당연하게 생각하고, 실수에 대해서는 철저하게 지적을 하여 아이가 잘한 것까지 못하게 만들고 마음의 상처까지 입게 한다. 엄격한 부모 아래 성장한 아이들은 무언가를 선택해야 할 순간에 부모님께 혼나지 않으려고 애쓰게 된다. 그래서 도전하려는 용기보다 안전성을 택하게 된다. 결과적으로 성장할 수 있는 기회가 줄어들게 되는 것이다.

그렇다면 어떤 방식으로 꾸중을 해야 하는 걸까? 아이가 거짓말을 하는 경우를 예로 들어보자. "거짓말하면 나쁜 아이야", "왜 거짓말한 거야?"라고 아이의 행동을 지적하고 추궁하기 전에, 아이에게 자신의 말과 행동에 대해 변호할 수 있는 기회를 주는 것도 중요하다. 눈에 보이는 결과만 가지고 판단해 버리면, 아이는 억울함과 자신이 이해받지 못했다는 생각에 상처받게 된다.

아이들에게도 나름의 '사정'이라는 것이 있다는 걸 인정할 수 있어야 한다. 나는 대여섯 살 적에, 엄마가 병아리를 잘 지키고 있으라며 당부한 뒤 병아리가 살 박스를 구하러 간 사이 병아리를 놓치고 말았다. "병아리가 어디 갔냐?"는 엄마의 말에 "날아가 버렸어"라고 거짓말을 했다. 엄마는 병아리가 어떻게 날 수 있냐며 제대로 임무를 완수하지 못했을 뿐만 아니라 거짓말까지 한 나를 질책하셨다.

당시 나는 병아리가 매우 무서웠다. 병아리들이 내 눈앞을 떠나 종종거리며 가는 것을 뻔히 보면서도 손쓸 수 없었던 이유였다. 아이들은 엄마를 속이고 싶어 거짓말을 하지 않는다. 그저 그 상황을 피하고 싶어서다.

엄마는 아이가 걱정되고 염려되어 나무라고 꾸중을 한다. 이때는 이 걱정되고 염려되는 마음을 그대로 드러내 표현하는 것이 좋다. 엄마가 자신(아이)을 얼마나 사랑하는지 알 수 있도록 말이다.

"이게 다 너 잘되라고 하는 말이야"라고 말하지 않아도 아이들이 저절로 알 수 있게 말이다. 아이의 행동을 평가하고 판단하며 비난할 것이 아니라, 엄마의 마음을 아이가 알아볼 수 있도록 말하는 연습을 해보자.

결과만 보고 평가·판단·비난하는 말	걱정되고 염려되는 마음 혹은 원하는 것을 표현하는 말
거짓말하면 나쁜 아이야.	네가 잘못한 행동에 대해 인정하고 사과할 수 있었으면 좋겠어.
뛰지 마. 한 번만 더 뛰어다니면 다신 안 데리고 나올 거야.	사람들이 많이 모여 있는 곳에서 뛰어다니다 혹시 사람들이랑 부딪혀 다치기라도 할까봐 엄마는 걱정 돼. 이쪽에서만 놀아줄래?
제자리에 정리정돈하지 못할 거면 갖고 놀지도 마.	장난감이 거실바닥에 흩어져 있으니깐 다닐 때 밟고 지나가거나 걸려 넘어질까봐 걱정이 돼. 그리고 엄마는 깨끗한 거실에서 ○○이랑 앉아서 이야기를 나누고 싶은데, 넌 어때? 거실에 놓인 장난감을 치우는 거에 대해서 어떻게 생각해?
제발 싸우지 좀 마.	너희들이 자꾸 싸워서 엄마는 걱정이 돼. 엄마는 너희들이 사이좋게 잘 지냈으면 좋겠거든.

그럼에도 불구하고 부모의 '힘'을 사용해야 할 때가 분명 있다. 아이의 안전이나 다른 사람의 안전이 위험할 때, 우리는 '보호'를 위해 '힘'을 써야 한다. 아이가 굴러 가는 공을 따라 무턱대고 도로가로 뛰어들어갈 때, 다른 아이가 들고 있는 장난감을 잡아채려고 친구를 밀쳐 다칠 수도 있을 때 우리는 즉각 그 상황에 개입해 아이의 행동을 제지하여야 한다. 그리고 나서 말해주는 것이다.

"엄마는 네가 공만 보고 차가 오는 도로가를 향해 달려가는 걸 보고 너무 놀랐어. 엄만 준이가 안전하게 노는 것이 무엇보다 중요해!"

이처럼 힘을 사용한다는 것은 체벌을 가리키는 것이 아니라, 위험한 상황에서 아이를 안전한 상황으로 옮기는 것을 말한다. 반대편으로 굴러가는 공만 보고 무작정 도로가로 뛰어가는 아이를 젖 먹던 힘까지 발휘해 힘껏 내달려 아이를 안전한 장소로 데리고 온 후 고래고래 소리를 지르면서 아이를 소위 '잡는 것'이 아니라, 다음번에는 아이가 다른 선택을 할 수 있도록 알려주는 것이다.

어떤 이유라도 폭력은 용납할 수 없다. 아이는 원하는 것을 얻기 위해 엄마를 협박하려고 차도에 뛰어든 것이 아니다. 아이는 그저 굴러가는 공을 주우러 따라간 것뿐이다.

"호되게 야단쳐야 다시는 똑같은 행동을 못하지!"

"이 세상이 얼마나 위험천만한데!"

그때의 놀란 기억을 되새기며 격앙된 목소리로 이렇게 외치는 엄마들도 많은 게 사실이다. 하지만 이런 논리라면 부모가 때리면 '사랑의 매'가 되고, 어린이집이나 유치원 선생님이 때리면 '아동학대'가 된다는 것과 다를 바 없다. 폭력은 그 자체로 폭력이며 폭력은 폭력을 낳을 뿐이다. "잘못하면 맞아야지"라고 말하며 아이를 때리는 부모는 "잘못하면 맞아야 돼" 하고 동생을 때리고 있는 자신의 아이와 마주하게 될 지도 모른다.

엄마나 아빠가 무서워서 안 하는 것이 아니라, 자신이 얼마나 중요하고 소중한 존재인지를 알기 때문에 다른 행동들을 선택할 수 있을 때 진정 아이는 건강하게 자랄 수 있을 것이다.

한때 나약한 것의 반대는 강한 것이라고 생각했던 때가 있었다. 하지만 약한 것의 반대는 강한 것이 아니다. 내가 찾은 정답은 '부드러움'이다. 우리는 매서운 목소리로 야단치거나 회초리를 들어 때리는 것보다 부드럽게 마음을 전해 올 때, 즉 감동을 받게 될 때 스스로 다른 행동을 선택하게 됨을 이미 경험으로 알고 있다.

아이 또한 마찬가지다. 아이의 안전을 염려하는 부모의 마음을 잘 표현해 줄 수 있을 때, 아이도 부모의 마음을 이해하고 자신의 행동에 대한 결과를 책임질 수 있는 어른으로 성장하게 될 것이다.

06

꼬박꼬박 말대꾸를 할 때

특정 음식에는 손도 대지 않는 아이와 골고루 먹이고 싶은 엄마의 말싸움이 시작되었다.

"편식하지 마."

"왜?"

"편식하면 키가 안 커."

"왜 키가 안 커."

"편식하니깐 키가 안 크지. 키 작으면 친구들이 난쟁이라고 놀릴 거야."

"왜 놀려?"

"다른 친구들은 다 키가 이만큼 자랐는데, 너만 안 자라면 난쟁이라고 놀리지."

"안 놀리는데!"

"편식하지 말라고! 얼른 이것도 먹어!"

식사 전에 간식을 먹고 싶어 하는 아이와 간식을 먹으면 식사시간에 밥을 제대로 먹지 않을 것이 염려되는 엄마의 대화이다.

"초콜릿을 왜 먹으면 안 돼?"

"초콜릿은 주식이 아니야. 설탕 덩어리야. 많이 먹으면 몸에 안 좋아."

"왜 몸에 안 좋아?"

"○○이 알지? 이거 많이 먹으면 ○○이처럼 뚱뚱해져. 그리고 이도 썩고 그럼 병원에 가야 해."

"그래도 간식이 더 맛있는데?"

"맛있는 게 원래 몸에는 안 좋은 거야."

"왜 몸에 안 좋아?"

"이거 먹고 나중에 밥 먹기 싫다 하기만 해봐!"

옆에서 아이와 아내의 대화를 듣고 있던 남편이 킥킥거리다 결국엔 소리를 지르는 아내에게 '아이와 똑같이 구냐'며 핀잔을 준다. 아내도 마찬가지다. 자신이 아이와 이런 대화 패턴에 빠져들게 되면 약이 오르고 화가 나는데 남편과 아이가 그러고 있으면 킥킥 웃음이 난다. 이처럼 아이들의 '왜'로 시작하는 말대꾸 때문에 너무 화가 난다며 하소연을 하는 엄마들이 많다. 제3자의 입장에서 보면 웃음이 나는 유치한 상황이지만, 아이와 당사자가 되어 이야기하다 보면 자꾸 약이 오른다.

식사 때마다 전쟁을 치르는 집이 많다. 특히 엄마, 아빠는 출근 준비를 하고 아이는 어린이집에 갈 준비를 해야 하는 바쁜 상황에 아이가 꼼지락거리고 있으면 큰소리가 오가기 마련이다.

6살 지유네도 마찬가지다. 잘 먹던 김을 잘라 밥에 비벼줬는데 아이는 먹지 않겠다고 떼를 쓴다. 얼른 먹으라고 재촉하다 아이에게 왜 안 먹느냐고 물으니 "김이 축축해져서 싫다"라고 했다.

또 지유는 자신이 좋아하는 그릇에 밥을 담아주지 않으면 밥을 먹지 않겠다고 거부하기도 한다. 설거지가 되어 있지 않는 바쁜 아침에 아이가 이런 사소한 문제로 태클을 걸면 엄마는 짜증이 나고 화가 난다. 어른이 보기에는 이 밥그릇에 담기든 저 밥그릇에 담기든 똑같은 밥이지만, 아이들에게는 중요한 문제다. 똑같은 고기 반찬 몇 점이라도 아이는 어떤 고기를 먼저 선택해서 먹을지 신중하게 고민한다.

두 돌 무렵만 되어도 아이의 취향이 생긴다. 우리 아이도 내복이나 외출복 등 자신이 선호하는 옷이 있다. 내가 아이가 입을 옷을 일방적으로 챙겨주면 옷을 집어던지고 입기를 거부할 때가 있다. 이제는 아이에게 '밖에 나갈 때 어떤 옷을 입을까?' 하고 물어보고 같이 손을 잡고 서랍장을 열어서 살펴본다. 어떤 옷이라도 서랍장에 있는 옷 한 벌을 고르면 되기 때문에 그 선택권을 아이에게 주었다.

엄마들이 생각하는 아이들의 말대꾸와 고집은 아이가 자신의 의사를 존중해달라는 자기표현이다. 물론 편식을 하고 식사 전 초콜릿을 먹으려는 아이의 행동을 수용해줘야 한다는 건 아니다. 아이 안에 어떤 생각이 있는지를 들어 줄 수 있어야 한다는 것이다. 엄마가 옳다고 생각하는 것을 강요한다고 해서 아이가 수긍하고 따라주지는 않는다. 아이는 일방적인 엄마의 정보와 가르침을 받아들일 준비가 되어 있지 않다.

모든 사람들은 인정의 욕구를 가지고 있다. 상대가 자신의 마음을 알아주고 인정해줬으면 하는 것은 인간의 보편적인 욕구다. 그래서 알아주지 않으면 서운하고 화가 난다. 아이의 말대꾸는 자신의 마음을 알아달라는 항변이다.

자신의 마음을 가까운 사람이 알아주지 않으면 외롭다. 엄마가 아이의 마음을 몰라주면 아이는 외로워진다. 아이의 말을 듣기보다 엄마가 하고 싶은 것만 말하고 있는 건 아닐까? 아이의 이야기를 먼저 들어주고 아이가 원하는 것이 무엇인지 알게 되면 다른 방법을 찾을 수 있고(앞으로는 김을 잘라 밥에 섞어 주지 않거나, 밥은 꼭 아이가 좋아하는 그릇에 담아주는 등), 그렇게 하면 엄마가 원하는 결과를 얻기가 더 수월해질 수 있다. 아이들의 말대꾸는 자신을 알아달라는 이유 있는 반항임을 기억하자.

엄마가 옳다고 생각하거나, 아이가 따라줬으면 하는 행동에 대해 말하기보다 아이가 갖고 있는 생각, 의견을 먼저 들어주세요.

"○○이는 밥이 왜 먹기 싫어?"
"김이 축축해져서 싫어."
→ 앞으로는 김을 밥에 비벼주지 않는다."

"○○이는 초콜릿이 왜 지금 먹고 싶어?"
"지금 기분이 조금 안 좋은데 초콜릿을 먹고 나면 기분이 좋아져."
→ 기분이 왜 안 좋은지에 대해 이야기를 나눈다.

"○○이는 어떤 옷을 입고 싶어?"
→ 같이 고르러 간다.

"○○이는 어떤 반찬을 먹고 싶어? △△반찬이 왜 먹기가 싫어?"
→ 나는 어렸을 적 모양이 이상하거나 색깔이 이상한 반찬은 입에도 대지 않았다. 맛있다고 일단 먹어보라고 해도 선뜻 내키지 않았다. 그중 하나가 시금치였는데 신기하게도 김밥에 든 시금치는 잘 먹어서 엄마가 자주 김밥을 싸주셨다.

07

책을 좋아하는 아이로 만들고 싶다면

아이에게 책을 많이 읽히려고 애쓰는 부모들이 많다. 아이가 책을 많이 읽었으면 하는 마음에 한때 거실에서 TV를 치우고 한쪽 벽면을 책장으로 만들어 '거실을 서재화' 하는 인테리어가 유행하기도 했다.

내가 아는 한 엄마는 아이에게 책 읽는 습관을 들이려고 옆에서 같이 책을 읽는데, 그것이 너무 힘들다며 푸념을 한 적이 있다. 엄마가 책 읽는 모습을 보여야 아이가 책을 읽을 것 같아, 아이에게 책을 읽게 하고 자신도 옆에 앉아 책을 읽는 척을 하는데 지겨워 죽겠고 깜빡 졸기도 했다며 하소연을 했다.

나도 아이에게 의도적으로 책 읽는 모습을 노출시키려고 노력하고 있다.

부모는 아이의 거울이므로, 행동 하나하나를 모두 모방하는 아이에게 긍정적인 습관을 만들어 주고 싶은 마음에서다.

한 번은 아이가 안방에서 낮잠을 자고 남편과 나는 거실에서 이야기를 하고 있었다. 낮잠 잔지 한 시간이 훌쩍 넘어가고 아이가 일어날 때가 됐다 싶어 남편에게 "책 한 권 꺼내서 읽고 있어요"라고 말했다. 아이가 일어나 거실로 나왔을 때 보게 되는 첫 장면이 엄마, 아빠가 나란히 앉아 거실에서 책을 읽는 모습이길 바랬기 때문이다. 그런데 그날따라 한 시간이면 자고 일어나던 낮잠을 계속해서 잤다. '이번엔 진짜 일어날 것 같아. 준비해'라는 말로 남편에게 서너 차례 더 '책 보는 신'을 연출하도록 했지만 타이밍이 어긋나 버렸다. 조용히 일어나 방 밖으로 나온 아이는 스마트폰을 열심히 들여다보고 있는 엄마, 아빠의 모습만 보고 말았다. 비록 해프닝으로 끝났지만 내가 이렇게까지 하고자 했던 것은 아이가 보고 배우는 환경의 중요성을 알기 때문이다.

율곡 이이가 선조에게 바친《성학집요》에 이런 이야기가 나온다.

"바른 사람과 함께 거처하면서 습관을 익히면 바르게 되지 않을 수 없다. 마치 제나라에 태어나서 자라면 제나라 말을 할 수밖에 없는 것과 같다. 바르지 않은 사람과 함께 거처하면서 습관을 익히면 바르게 될 수가 없다. 마치 초나라에 태어나서 자라면 초나라 말을 할 수밖에 없는 것과 같다. 공자는 '어려서부터 형성된 것은 마치 천성과 같고, 습관은 마치 저절로 그러한 것과 같다'라고 하였다."

부모가 늦게까지 컴퓨터를 하거나 TV를 시청하다 잠이 들고서 지각을 겨우 면하는 시간에 일어나는 습관을 가지고 있다면 아이 또한 일찍 자고 일찍 일어나는 습관을 가지기가 어렵다. 부모는 하면서 아이에게 하지 말라고 하는 것만큼 나쁜 것이 없다고 한다. 부모는 스마트폰을 손에서 놓지 못하면서, 아이에게 스마트폰 좀 그만하라고 소리치는 부모들이 많다. 책 좀 읽으라고 아이 등을 떠밀기 전에 나부터 돌아봐야 한다.

사실 부모라면 잘 알고 있는 이야기다. 알지만 실천하기가 어렵다. 아이가 이렇게 자라줬으면 하는 대로 먼저 부모가 할 수 있어야 하는데, 정작 자신은 그러지 못하면서 아이만 닦달한다.

부모는 하라고 소리치는데 아이가 하지 않으면 부모는 부모대로 아이는 아이대로 화가 난다. 아이는 아이대로 '왜 나한테만 그래?'라고 저항할 것이다. 여기다 대고 '어디서 대드는 거야? 엄마가 하라면 해'라고 하면서 부모의 권위로 상황을 무마하려는 태도는 아이에게 더욱 악영향을 끼친다.

아이는 부모의 말대로 행동하는 것이 아니라, 부모가 하는 말의 방식과 태도를 보고 배운다. "책 좀 읽어!"라고 명령조로 말하면 그것을 보고 기억해두었다가 본인이 내키지 않는 날에는 "싫거든!"이라고 맞받아칠지도 모르는 것이다.

내가 아이에게 바라는 것이 있다면, 그것은 강요가 되어서는 안 된다. 부담과 의무감이 아니라 편하게 즐길 수 있을 때 그것을 하고 싶다는 동기 부여가 저절로 생기기 때문이다.

함께할 수 있는 것들을 찾아보세요.
– 아이가 책을 볼 때, 엄마는 잡지를 봐도 좋아요.
– 인사 잘하는 아이를 원한다면, 먼저 아파트 주민과 경비 아저씨, 동네 주민들에게 인사를 건넬줄 아는 부모가 되어야겠지요.

08

한글공부 어떻게 시작할까?

"지영아, 한글놀이하자!"

엄마가 한껏 목청을 높여 신나게 아이를 불러보지만 아이는 책상 앞으로 올 마음이 없다. 학습이 공부가 되기보다는 아이에게 '놀이'여야 재밌게 배운다는 말에 '한글놀이'하자며 아이를 불러보지만, 아이도 그것이 놀이가 아니란 걸 잘 알고 있다.

"초콜릿 줄게."

"지영이가 좋아하는 만화 보자."

갖은 유혹으로 겨우 아이를 책상 앞에 앉힌다. '재미있는 놀이'로 인식시키기 위해서 엄마도 열심히 노력했다. 아이들에게 인기 있다는 학습지도 사보고 스티커북도 샀다. 하지만 아이는 여전히 '한글놀이'에는 관심이 없고, 인형을 가지고 놀거나 점토놀이를 더 좋아한다.

엄마들은 아이가 장난감 하나를 가지고 놀더라도 그 속에서 뭔가를 배우게 되길 바란다. 아이는 그저 재미로 하는 창조적인 행위지만, 엄마들은 그 행동에서 의미 있는 뭔가를 자꾸 유추하고 해석하려고 노력한다. 하지만 아이가 처음 말을 배울 때를 떠올려 보자.

대부분의 아기가 제일 먼저 하는 말은 바로 "엄마"이다. 내 아이는 엄마라는 말을 시작으로 아빠, 맘마, 빱바를 했다. 다음에는 어떤 단어를 말할 것인지 남편과 내기를 하기도 했는데 나는 '물'을 남편은 '응가'를 말할 것이라고 추측했다. 결과는 둘 다 틀렸다.

내 아이는 자신이 가장 좋아하는 '딸기'를 선택했다. 아이가 처음 말을 하기 시작하면서 내뱉은 말은 자신이 좋아하는 것이었다. 아이가 태어나면서부터 지금까지 줄기차게 들었던 말 "준이"라는 자신의 이름을 아직까지 말하지 못하는 걸 보면서 무조건 많이 듣는 단어를 먼저 말하게 되는 게 아니란 걸 알았다. 아이는 자신에게 중요하고 좋아하는 것을 먼저 말하게 된다.

학습을 시작함에 있어 중요한 것은 아이에게 의미가 있고 아이가 좋아하는 것이어야 흥미가 생기고 또 지루해하지 않는다는 점이다. 무조건 이쯤 되면 한글을 떼야지, 이쯤 되면 셈을 할 줄은 알아야지라는 생각으로 접근하기보다는 아이가 호기심을 가지고 좋아할 수 있는 놀이로 만들 수 있어야 한다. 이것은 뒤에다 '놀이'라는 명칭만 갖다 붙인다고 해결되는 것이 아니다. 이름이 중요한 것이 아니라 아이가 느낄 때 '진짜 놀이'여야 하는 것이다.

그렇다면 어떻게 하면 진짜 놀이가 될 수 있을까? 공부를 책상에 앉아서 바른 자세로 할 수 있다면 좋겠지만 놀이를 책상에 앉아 허리를 꼿꼿이 편 자세로 하지는 않는다. 무조건 공부는 책상에서 해야 한다는 고정관념에서 자유로워지길 권한다. 특히 '한글놀이'라고 지칭하면서 책상 앞으로 아이를 부른다면 아이는 놀이와 학습의 경계를 정확히 구분하게 될 것이다.

인형놀이를 좋아하는 아이라면 인형과 함께 한글놀이를 하자고 제안할 수 있다. 그야말로 인형과 함께하는 한글놀이가 될 것이다. 또는 점토놀이를 좋아하는 아이와 함께 점토를 기역, 니은 모양으로 만들며 한글놀이를 할 수도 있다. 어린아이들은 집중력이 약하지만 자신이 재밌어 하는 놀이에는 배고픈 것도 잊고 잠자는 것도 거부하며 빠져든다. 엄마가 할 일은 아이가 제일 좋아하고 깊이 빠져드는 놀이를 먼저 파악하고 그것을 한글과 어떻게 접목시킬지를 생각해 보는 것이다.

아이의 학습과 함께 중요해지는 것이 엄마의 유연성이다. 처음에는 아이가 무엇에 관심이 있고 좋아하는지 아이의 재능을 발굴하려고 이것저것 다양한 체험과 활동을 시켜보려 애쓴다. 그러면서도 마음속에 엄마의 기준이 있다. 인형을 좋아하는 것은 아이의 성장에 도움이 되지 않는다 여기고, 책을 좋아하면 오케이다. 아이의 관심 분야나 좋아하는 것이 무엇이냐고 물으면 "우리 애는 좋아하는 게 크게 없어. 그냥 노는 것만 좋아해서 걱정이야"라는 안타까운 말들을 하는 엄마들이 있다.

문화심리학자 김정운의 책 《노는 만큼 성공한다》에서 어른들은 낯선 것을 익숙하게 만들고, 아이들은 익숙한 것을 낯설게 만드는 능력이 있다고 했다. 아이가 하는 놀이에는 창조적 행위가 가득 담겨 있다. 엄마의 눈에는 그것이 단순한 인형놀이나 점토놀이에 불구하지만 아이는 세상을 세계를 창조하고 있는 중임을 알았으면 한다. 창의적인 아이를 원한다면 아이의 놀이에 적극 가담하여 아이가 창조하는 세계에 관심을 기울일 수 있어야 한다.

그리고 엄마가 원하는 학습을 그 놀이 속에 어떻게 흡수시킬 것인지에 초점을 두어야 한다. 학습이 놀이의 일부가 될 수 있도록 연결시킬 수 있는 연결점을 찾기 위해서는 우선 아이의 놀이에 적극 관심을 가져야만 가능하다.

마지막으로 아이가 창조해 놓은 세계에 초대받아야 엄마도 말할 수 있는 권한을 가질 수 있다. 아이의 놀이에 일방적으로 끼어들어서 엄마 말만 한다면 아이는 놀이에 방해를 받게 되는 것 뿐임을 기억하기 바란다.

〈학습을 놀이의 일부로 연결하기 위해 필요한 엄마들의 사전 준비사항〉

1. 아이가 어떤 놀이를 가장 좋아하나요?

2. 아이가 가장 편안해하고 좋아하는 장소는 어딘가요?

3. 아이가 인형/자동차/점토/공룡 놀이에서 어떤 이야기를 하고 있나요? 이야기에서 자주 등장하는 인물과 공간을 알고 계세요?

09

아이의 끊임없는 요구를 거절하는 방법

아이의 모든 요구에 엄마가 매번 기꺼운 마음으로 반응해 줄 수 있을까? 마음은 늘 아이의 눈을 마주치며 아이와 함께 하고 싶지만, 몸은 피곤하고 신경이 예민할 때도 있다. 아이의 모든 욕구에 반응해 준다는 것은 쉬운 일도 아닐 뿐더러 100프로 그렇게 하기란 사실상 어렵다.

맞벌이 부부인 지영 씨는 금요일 저녁이 되면 쉬고 싶은 마음뿐이다. 주말에는 늦잠도 자고 느긋하게 아침 겸 점심을 차려 먹으며 온전한 휴식을 가져보는 게 소원이다. 늦잠 자고 아점 먹는 게 소원이 될 줄은 아이를 낳기 전에는 까맣게 몰랐다. 3살 난 아들은 평일과 주말의 구분 없이 일찍 일어난다. 토요일과 일요일 아침에도 어김없이 6시에 눈을 뜬다. 아이의 기상시각에 맞춰 지영 씨도 어쩔 수 없이 일어나 아이가 노는 것을 잠깐 지켜보다 아침밥을 챙겨 먹인다. 틈이 나는 대로 누워 보지만 아이는 엄마가 눕는 것도 소파에 기대앉는 것도 허락해주지 않는다. 아이의 앞이나 바로 옆에 앉아서 아이가 노는 것을 지켜보거나 같이 놀아달라고 요구한다. 아이는 유독 엄마만 찾는다. 남편은 방에서 쿨쿨 잘만 자는데 자신만 불려나와 아이 앞에 앉아 있어야 한다는 사실에 화가 나기도 했다.

"내가 하진이 2시간 동안 봤으니깐 이제 당신이 볼 차례야."

남편을 깨워 아이와 거실에서 놀게 한 후 다시 자리에 눕지만, 아이는 몇 분 지나지 않아 엄마를 찾으러 방으로 들어왔다.

"엄마! 엄마! 엄마! 엄마! 엄마!"

아이는 무한 반복으로 엄마를 불러대며 엄마 팔을 잡아끌고 거실로 나가 놀자고 요구한다.

피곤해 쉬고 싶은 마음이 강했던 지영 씨는 결국 소리를 지르고 만다.

"그만해."

"엄마 좀 그만 괴롭혀!"

"넌 왜 엄마만 못살게 구니! 아빠랑 좀 놀아!"

"당신은 뭐하는 거야! 왜 자꾸 애를 나한테 오게 하는 거야!"

짜증스러운 엄마의 외침에 아이는 잠시 얼어붙은 듯 멈칫하다가 이내 더 크게 소리친다.

"엄마! 엄마! 엄마! 엄마! 엄마!"

그러면 지영 씨는 마지못해 무거운 몸을 일으켜 아이 손을 잡고 거실로 나간다. 아이는 엄마에게 자신을 쳐다봐주고 놀아달라고 끊임없이 요구한다. 끝도 없이 매일 해대는 아이의 요구사항에 엄마도 지칠 때가 있다. 아니 지치지 않을 수 없다. 그 요구사항을 수용할 마음의 여유가 없을 때 엄마는 아이의 욕구에 반응해주기보다는 아이를 비난하기 쉽다. '왜 혼자서 못 노는 거야?', '왜 넌 엄마한테만 매달리는 거야?', '넌 대체 누굴 닮아서 이 모양이야' 등등 아이에 대한 비난의 말들로 머릿속이 어지럽고 심난해진다.

이때 엄마에게 가장 필요한 것은 무엇일까? 바로 '휴식'이다. 조금만 더 누워 있고 싶고 자고 싶은 욕구가 강하다. 하지만 아이는 이를 허용해주지 않는다. 이때 엄마가 '그만 좀 해!'라고 소리치는 것이 아니라 "엄마 30분만 더 자고 싶어", "엄마 너무 피곤해서 좀 누워 있고 싶어"라고 자신의 마음을 표현할 수 있어야 한다.

물론 그렇게 이야기하더라도 아이는 들어주지 않을 것이다. 아이는 하고 싶은 것은 꼭 해야만 직성이 풀리는 특성이 있으니까. 하지만 앞서 우리가 어떤 욕구를 가지고 있느냐에 따라 감정이 달라지는 것을 살펴보았듯이 아이가 내게 놀아달라고 요구하는 것 때문에 성가시고 화가 난다기보다는, 쉬고 싶은 마음이 크기 때문에 아이의 요구를 수용하기가 힘들다는 것을 알아차릴 수 있다.

그러면 우리는 이제 아이를 비난 하는 대신 엄마가 원하는 것이 무엇인지에 대해 표현하는 방법을 선택할 수 있다. 자신에게 소리치는 엄마의 말에 상처받은 아이는 스스로를 나쁜 아이라 여길 수 있지만, 엄마의 욕구를 표현하는 언어를 듣고 자란 아이는 다른 사람들의 요구사항 속에서 스스로가 중요하게 여기는 것을 건강하게 표현할 수 있는 방법을 배울 수 있게 된다.

휴식은 엄마에게 정말 필요하고 중요한 욕구이다. 반드시 충족되어야 아이를 더 잘 돌볼 수 있다. 아이의 끝없는 요구사항에 신경이 예민해지고 받아줄 마음의 공간이 없다는 걸 알아차린다면, 우리에게 휴식이 필요한 때이다. 아이를 재우고 스마트폰이나 재미난 TV프로를 보며 한 주의 고단함을 보상받고 싶은 마음도 크겠지만, 일단 쉬는 것이 우선이다. 푹 자고 일어나야 다음 날도 아이의 에너지에 보조를 맞출 수 있다.

자신이 지금 무엇이 필요하고 중요한지 또 간절하게 원하고 있는 것이 무엇인지 자신의 욕구와 느낌을 들여다보도록 하자. 그래야 아이의 끊임없는 요구에 화를 내며 아이를 비난하는 대신 내가 무엇이 필요하기 때문에 아이의 요구를 수용해 줄 수 없는지 명확히 표현할 수 있다.

송혜교와 강동원이 출연해 인기를 모으기도 했던 영화의 원작 《두근두근 내 인생》에서 작가 김애란은 "사람들은 왜 아이를 낳을까?"라고 묻는다. 그 대답이 참 신선했다. "누구도 본인의 어린 시절을 또렷하게 기억하지는 못하니까 자식을 통해 그것을 보는 거다. 그 시간을 다시 겪는 거다. 자기가 보지 못한 자기를 다시 보는 것"이라며 부모가 됨으로써 한 번 더 자식이 되어 보는 경험을 할 수 있다고 했다.

'저거 누구 닮아서 저래!'가 아니라 아이에게서 내 모습을 찾아보는 것.

그리고 그때 아이의 마음으로 한 번 되돌아가 보는 것. 그러면 아이의 끊임 없는 요구나 말대답에 강하게 반응하는 자신의 모습이 달라질 수 있다.

10

어린이집 또는 유치원에서 엄마랑 헤어지는데 자꾸 울 때

삶에는 기쁨과 슬픔이 공존한다. 슬픈 일이 없다면 기쁨의 진정한 가치를 느끼지 못할 것이다. 그리고 원하든 원하지 않든 우리 삶에는 슬픈 일이 생긴다. 그것이 인생이다. 아이들에게 좋은 것, 예쁜 것만 보여주고 싶은 것이 부모 마음이겠지만 생로병사 그것이 삶이요, 인생임을 아이들도 자연스럽게 알고 자랄 필요가 있다. 그리고 그러한 삶의 단계를 거치거나 주변에서 보았을 때 슬픔과 마음의 상처를 애도할 수 있는 방법을 배울 수 있어야 한다.

우리는 대부분 슬픔을 대하는 태도에 인색하다. 충분히 슬퍼할 시간을 허락하지 않는다. 긍정적인 감정은 수용되지만 부정적인 감정은 어서 빨리 훌훌 털어버려야 한다고 생각한다.

자신의 슬픔을 다루는 것과 마찬가지로 다른 사람의 슬픔을 대하는 데도 어색하고 서툴기만 하다. 상대를 보며 마음 아파하는 내 모습을 보고 더 슬퍼하게 될까봐 아무렇지 않은 척 행동하거나, 멀리서 힐끔힐끔 쳐다보기만 할뿐 그에게 다가가지 못한다. 그리고 눈이 마주치면 내 안의 슬픔이 터져나올 것 같아 마음의 준비가 될 때까지 그 사람과 마주치지 않도록 애쓰기도 한다.

슬픔은 나누면 반이 된다고 했지만 정작 우리는 슬픔을 나누는 방법을 모르고 산다. 남들에게 동정을 사게 될까봐 내가 불쌍하게 보일까봐 겁이나 슬픔을 드러내지 않다 보니 남의 슬픔을 대하는 방식도 자연히 서툴 수밖에 없게 되었다.

슬픔은 치유의 시작이다. 다른 사람과 슬픔을 나누고 나면 내 안에 복잡하게 뒤섞여 있던 감정을 정리할 수 있게 된다. 다른 사람 혹은 자신의 슬픔에 대해 한껏 슬퍼하는 것은 어쩌면 그 사람 혹은 나에 대한 예의이기도 하다.

사랑하는 사람을 잃은 슬픔을 이겨내기 위해 일에 빠져 사는 사람들이 많다. 정신없이 바쁘게 지내다보면 슬퍼할 겨를도 없다며, 슬픔을 피해 일 뒤로 숨는 것이다. 그리고 많은 사람들이 슬픔 속에 빠져 허우적거리기보다는 일에 파묻혀 바쁘게 지내길 권한다. 이는 곁에서 지켜봐야 하는 사람들의 마음이 편하기 때문이지 진정으로 상대를 위한 일이 아니다. 감정을 외면하는 것은 언젠가는 대가를 치르게 된다.

아이가 슬픔을 애도하고 자신이나 타인을 위로할 수 있는 방법을 자연스레 익힐 수 있도록 부모는 아이의 슬픔을 진지하게 대해줄 필요가 있다. 위로를 받아본 아이가 위로할 줄 아는 어른으로 성장할 수 있다.

이사 간 친구를 그리워하며 울고 있는 아이에게 "새 친구 금방 사귈 거야. 이제 그만 뚝 하고 레고 만들고 놀자"며 아이의 슬픔을 대수롭지 않게 여겨서는 안 된다.

"우리 ○○이 친구를 자주 볼 수 없어서 슬프구나?"

"○○이 보고 싶어? ○○이랑 뭐 했을 때가 제일 즐거웠어?"

이렇게 아이가 슬퍼하고 있는 대상(사물)에 대해 즐거웠던 기억과 혹은 그렇지 않은 기억들까지도 스스럼없이 이야기할 수 있도록 슬퍼할 수 있는 시간을 충분히 배려해 줄 수 있어야 한다. 아이의 슬픔을 공감하며 충분히 애도할 수 있는 시간을 주면 알아서 감정을 털어내고 다른 것에 관심을 가진다.

어린이집에서 엄마랑 헤어질 때마다 자꾸 우는 아이들도 마찬가지다. 어린이집이 싫다기보다 그만큼 엄마와 함께하는 게 더 좋다는 뜻이다. 울며 헤어지지만 막상 어린이집에 들어서면 친구들과 재밌게 잘 논다. 하지만 헤어질 때 울고 있는 아이를 보고 있자면 엄마는 마음이 아프다. 아이들은 강하다. 주변에서 슬픔을 애도할 수 있는 방법을 찾을 수 있도록 도와주고 나면, 어느새 웃으며 엄마와 헤어져 어린이집 안으로 뛰어 들어가고 있는 아이와 마주하게 될 것이다.

아이가 가장 슬플 때는 아마도 엄마와 떨어지는 순간이겠지요? 엄마와 떨어져 슬퍼하는 아이에게 “울지 마, 뚝!”이라고 하는 것은 엄마와 아이의 관계를 부정하는 말이 아닐까요? 엄마와의 이별의 순간을 충분히 애도할 수 있는 시간을 주세요.
“우리 ○○이 엄마랑 같이 있고 싶구나.”
“우리 ○○이 엄마랑 같이 있지 못해서 슬프구나.”
“우리 ○○이가 엄마랑 잠깐 떨어져 있어야 해서 많이 슬픈데 (유치원) 선생님이 어떻게 해주면 위로가 될 것 같아?”
“엄마랑 어떤 놀이할 때가 제일 재밌어?”
“○○놀이 선생님이랑 친구들과 해볼까?”

11

내면의 힘을 길러주고 싶을 때

아내가 남편에게 직장에서 있었던 속상한 일을 이야기했을 때 많은 남편들이 다음과 같이 반응해 아내들의 원성을 산다.

"당신이 일을 그렇게 하니깐 그랬겠지 그럴 때는 말야……."

"아니, 뭘 그걸 가지고 그래. 우리 회사에서는……."

"그 팀장은 아마 이러저러 해서 그런 말을 했을 거야."

아내가 속상한 일을 남편에게 하소연하는 것은 자신의 문제를 해결해 달라거나 그 문제에 대해서 분석해 달라고 하는 것이 아니다. 그저 자신의 속상한 마음을 공감 받고 싶을 뿐이다.

만약 남편이 "그래서 당신 많이 힘들었어?"라고 말해 준다면 아내는 속사포 같이 이야기를 더 풀어내면서 말하는 중에 속에 쌓인 감정을 털어버릴 수 있게 된다. 자신이 말하면서 감정을 정리하고 곧이어 앞으로 어떻게 할 것인지 해결방법을 찾을 수도 있다.

아이도 마찬가지다. 자신의 감정에 대해서 들여다보고 앞으로 어떻게 해야 할지 스스로 찾아볼 수 있는 힘은 바로 '공감'에서 나온다. 아이에게 문제가 생길 때마다 부모가 따라다니며 조언을 해주고 위로해줄 수는 없다. 아이는 혼자서 스스로 해결할 수 있는 내면의 힘을 기를 수 있어야 한다. 이는 아이의 감정을 무시하고 그저 "화이팅!"을 외친다고 저절로 되는 것이 아니다.

아이는 자신의 감정을 인정받고 수용 받는 경험을 통해 내면의 힘을 키운다. 슬플 때는 실컷 울어야 툴툴 털고 일어설 수 있다. '울면 나쁜 아이'라며 '산타 할아버지가 선물 안 줄거야'라고 아이를 겁줄 것이 아니라, 아이의 감정을 있는 그대로 안아줄 수 있어야 한다.

감정은 자신이 중요하게 여기는 것이 거부당했을 때 또는 충족되었을 때 느끼게 된다. 자신이 무엇을 중요하게 여기는지 알 수 있게 해주는 중요한 동기를 감정을 통해서 확인할 수 있다. 감정을 거부당하는 것은 곧 중요하게 여기는 동기가 무시되는 것과 같다. 자신이 무엇을 중요하게 여기는지 알 수 있는 힘, 그것이 있어야 살아가면서 만나게 되는 여러 선택의 갈림길에서 옳은 방향을 선택해서 나아갈 수 있고, 설령 잘못된 길을 선택했더라도 다시 되돌아올 수 있다.

만약 아이가 감정을 계속해서 거부당하고 억압한 채 살아간다면 자신이 무엇을 소중하게 여기는지조차 알 수 없게 되어 버린다. 매순간 삶의 지표를 잃어버리게 되는 것이다.

자신의 감정을 수용 받은 경험이 있는 아이는 다른 사람의 감정에도 공감하며 수용할 줄 안다. 소통하는 능력과 함께 21세기 인재의 필수 덕목 중 하나로 손꼽히는 것은 바로 감성이다.

100가지 논리적인 이유로도 상대방을 설득하지 못하다가 한두 가지 감성적인 스토리를 부각시켜 상대방을 내 편으로 만드는 상황을 목격하게 될 때가 있다. 다른 사람들의 감성에 터치하는 법, 즉 상대의 감성에 터치하고자 한다면 먼저 상대방의 감정에 공감할 줄 아는 능력이 있어야 한다. 상대의 말에 귀 기울이고 감정을 인정한 다음 나의 감정을 어필하는 것이다.

아이에게 내면의 힘을 길러줄 수 있는 또 다른 방법은 '올바른 언어습관'을 길러 주는 것이다. '말을 바꾸면 생각이 바뀌고, 생각이 바뀌면 행동이 바뀌고, 행동이 바뀌면 인생이 바뀐다'라고 했다.

아이의 자존감을 높이는 공감 대화법에 특별한 기술은 없다. 아이의 마음에 대해 끊임없이 추측해서 물어봐 주는 것, 그것이 전부다. 설령 잘못 추측하더라도 괜찮다. 아이에게 새롭게 얻은 정보를 통해 아이의 속마음에 점점 근접할 수 있게 된다. 공감 대화는 아이가 자신의 속마음을 편하게 이야기할 수 있도록 도와준다. 우리 아이가 어떤 생각을 하고 있는지 알 수 있으려면 아이가 편하고 안전하게 말할 수 있는 환경을 제공할 수 있어야 한다.

공감 대화법을 사용할 때 명심해야 할 점은 부모가 바라고 원하는 기대대로 아이가 행동하도록 만드는 테크닉으로 여겨서는 안 된다는 것이다. 내가 하는 말을 아이가 잘 들을 수 있게 하기 위한 것이 대화의 목적이 되어서는 안 된다. 부모가 먼저 아이를 존중하며 말할 때 아이도 부모를 존중하며 대하는 태도를 익힐 수 있게 됨을 잊지 말자.

두발자전거를 배웠던 때를 생각해 보자. 처음 자전거를 탔을 때는 균형을 잡는 것이 어려웠고 누군가가 자전거를 잡아주어야 했다. 다른 사람의 도움을 받아 한참을 연습하고 나서야 결국 혼자서 자전거를 탈 수 있게 된다. 그 뒤 오랫동안 자전거를 타지 않더라도 그 방법은 몸이 기억하고 있다. 처음에 배우기는 힘들었지만 한 번 배우고 나면, 균형을 잡고 자전거를 타는 것은 언제든지 가능해지는 것이다.

아이들에게 언어습관은 이런 것이다. 처음 익힌 습관을 고치려면 많은 시간과 노력이 필요하다. 하지만 새로운 대화방식이 습관화되었을 때 그것을 자연스럽게 사용하는 것은 당신의 아이가 어리면 어릴수록 더 쉬울 것이다.

chapter 5

가족의 자존감을 '업' 시키는 기적의 대화법

01

'좋은 엄마'에 치중해 놓쳐서는 안 되는 것

김정운의 《노는 만큼 성공한다》란 책에는 카너먼 교수가 2004년 12월 미국의 〈사이언스〉지에 발표한 '하루의 재구성'이라는 재밌는 논문이 소개되어 있다. 그는 약 1,000명의 미국 여성을 대상으로 하루 일과를 에피소드로 나눠서 순서대로 적게 한 다음 그 에피소드에 대해 느끼는 심리적 상태에 대해 점수를 매기도록 했다. 여성들의 일상 중 어떤 일에 가장 피곤함을 느끼고, 또 어떤 일에 가장 흥미를 느끼고 즐거워하는지 알아보기 위한 실험이었다.

그렇다면 여성들이 가장 피곤한 느낌을 주는 사람으로 누구를 꼽았을까?

바로 '자신의 배우자'였다!!

이 결과에 동의하는가? 슬프게도 나는 동의한다. 결혼을 하고 소꿉놀이 같던 신혼생활을 거쳐 아이를 낳고 나니 모든 게 달라졌다. 우리의 감정은 서로 뒤죽박죽 얽혀 하나하나 풀어내기는커녕 풀어내려는 의지마저 생기지 않을 정도로 엉망이 되어버리기도 했다. 아이를 낳고 두 달 동안은 정말이지 최악이었다.

'아이가 백일이 지나면 나아지겠지' 기대하고 있었는데, 돌이 지나도 나아지지 않아 주변 사람들에게 설문조사를 벌인 일이 있다. 어린아이를 기르고 있는 엄마들에게 남편에 대한 지금의 내 마음을 알리고 그들은 어떤지 물었다.

"육아에 익숙해지면 남편을 사랑하는 마음이 신혼 때처럼 돌아올 줄 알았는데 그렇지가 않네."

주변 엄마들은 이렇게 말했다.

"그거 당연한 거야."

"남편은 이제 가족이지."

"애한테 신경이 너무 많이 쓰여서 남편한테까지 마음을 쓸 여유가 없어."

"소녀감성인 거야?"

아빠가 된 사람들에게도 물어봤다.

"우리 와이프는 내가 눈앞에 있으면 못 잡아먹어 안달이라니깐. 근데 문자메시지로는 미안하고 고맙대. 그런 말을 하지 말던지."

"도대체 언제까지 아내의 짜증을 참아줘야 하는 거야!"

"와이프가 힘든 건 알겠는데 나를 보기만 해도 짜증을 내니 어쩌란 건지 모르겠어요."

남편들도 할 말이 많았다. 아내가 결혼 전과 너무 달라졌다며 집에 들어가기가 겁이 난다는 그들의 말은 내 남편이 하는 말과 꼭 닮아 있었다. 다만 다른 남편들 입으로 들으니 좀 더 듣기가 편했고 재미있기까지 했다.

남편도 아이만큼 사랑하고 싶다. 존재 자체로 사랑을 느낄 수 있는 아이처럼 남편도 그러하길 바란다. 남편의 말 한마디, 행동 하나에 화를 내며 짜증을 부리기보다 그 사람의 마음도 나의 마음과 같다는 걸 알 수 있었으면 좋겠다. "나도 사랑받고 존중받고 싶어"라고 말한 그의 말 한마디가 내 가슴을 아프게 파고들었다. 그 또한 사랑받고 존중받고 싶은 내 마음과 똑같은 것이다.

우리는 상황과 사람을 분리할 수 있어야 한다. 곰곰이 생각해보면 남편에게 화가 났다기보다 상황에 화가 난 경우가 많았을 것이다. 오랫동안 잠도 제대로 자지 못하고, 식사는커녕 화장실 가는 것조차 자유롭지 못한 상황에 화가 나는 것이다. 부부 사이가 문제가 될 때는 아이와 부모 관계에도 영향을 미친다. 부부 관계가 좋은데 아이와의 관계가 나쁠 리 없다. 반대로 부부 관계가 좋지 못하면 아이와의 관계도 좋을 수 없다.

부부 사이의 권태가 무관심으로 변하게 되면 아이에게 모든 관심을 집중하게 되고 그것이 과해지면 아이는 답답함을 느낀다. 그리고 아이에게 대리만족을 얻고자 부모는 일방적인 애정공세와 과도한 관심을 퍼붓고, 아이에게 자신이 원하는 결과-대개는 성적-를 강압적으로 요구하기도 한다.

아이를 낳고 삶이 정신없이 바빠지면서 남자와 여자의 관계가 아니라 그저 '가족'이 되면서 우리는 서로에 대한 배려와 의미를 잃어가고 있다. 아이를 잘 키우고 싶고 엄마라는 역할에만 집중하다 보니 아내와 남편의 관계가 어긋나는 걸 빤히 보면서도 놓쳐버리는 경우가 많다. 아이를 위한 '아빠'나 '엄마'로서의 의미로만 한정 짓지 말고, '남편'과 '아내' 그리고 '남자'와 '여자'로서의 의미로 서로를 바라볼 수 있다면 얼마나 좋을까. 부부가 타고 있는 시소 사이를 불안하게 왔다 갔다 하며 균형을 맞추고 있는 아이가 아니라, 부부와 아이가 함께 가족이라는 시소의 균형을 맞춰 나갈 수 있어야 한다.

02

자존감 높이는 부부대화법

업무가 많아 야근이 잦고 힘들수록 동료들과는 더 돈독해지는 경우가 많다. 공동의 목표를 향해 으쌰으쌰 하며 서로의 고단함을 나누고 회식으로 단단한 동료애를 다진다. 이처럼 고난 속에서 친밀함이 싹트는 것과 달리 육아가 힘들수록 부부 관계는 힘들어진다. 아이로 인해 몸과 마음이 피곤해지면 서로에게 예민해져 마음에도 없는 가시 돋친 말을 하거나, 부연설명 없이 짤막하게 주고받는 말속에서 오해가 생기기도 한다. 남들에게는 친절한 한마디를 잘도 건네면서도 부부 사이에는 그런 배려가 어렵다는 것이 아이러니하다.

부부 관계에서 흔히 볼 수 있는 서로를 존중하지 않는 대화법에 대해 살펴보면서 우리 부부는 어떤 대화를 하는지 자가진단을 해보도록 하자.

상황 1.

"우리 남편은 내가 죽을 것처럼 아파도 몰라. 내가 아프면 자기가 알아서 집도 치우고 밥도 좀 하고 해야 하잖아? 아파도 나 아니면 애 밥 챙길 생각을 못하니깐 너무 서러워."

"나랑 산 세월이 얼만데, 아직도 내가 일일이 알려줘야 하냐구."

같이 사는 부부들을 보면 자신의 감정과 원하는 것에 대해 구체적인 표현은 전혀 하지 않으면서 '나를 사랑하면 알아채 줘야지'라고 생각하고 사는 경우가 많다. 내가 원하는 것을 항상 알아서 배우자가 해주길 원한다. 간혹 그게 맞아떨어질 때도 있다. 그러면 나를 사랑한다는 생각이 들고, 그렇지 않을 경우 이 사람은 나를 사랑하지 않는구나 하고 생각해 버린다.

나 또한 마찬가지다. 남편이 내 기분을 살펴 알아서 행동해 주기를 바랐다. 오늘 어떤 일로 기분이 나빴는지를 털어놓았던 적도, 그런 나를 위해 남편이 어떤 행동을 해주었으면 한다고 구체적인 부탁이나 요청을 한 적도 없었다. 그저 '알아서' 움직여주길 원했다. 그게 사랑이라고 생각했다.

우리는 '사랑'이란 단어를 앞세워 참 많은 것을 상대에게 바라고 요구한다. 그 기대와 바람이 한 번 두 번, 여러 차례 무너지다 보면 이내 '포기'하게 된다. 상대에 대한 기대를 저버리는 것이다. 그러고 나선 말한다. 서로 편해졌다고.

반면 아이러니하게도 서로를 잘 알고 있다는 생각이 소통에 방해가 되기도 한다. "당신 분명 ○○할 거잖아", "당신이 그렇지"라는 생각이 상대의 이야기를 다 들어보기도 전에 판단하고 해석해버려 서로 감정이 상하기 일쑤다.

상황 2.

"남편이 식탁에서 반찬 한두 가지만 꺼내서 밥을 먹고 있길래 걱정되서 '뭐하고 먹느냐고' 물었더니 '보면 모르냐'고 톡 쏘아 말하더라구요. 아니 물어본 게 죄예요?"

"왜 화를 내냐고 따져 물었더니, 자긴 화낸 적이 없대요!"

이런 일은 부부 사이에 빈번하게 일어난다. 딴에는 상대방을 염려하고 걱정하는 마음 또는 관심을 가지고 물어본 한마디에 퉁명스럽다 못해 신경질적으로 반응하는 태도에 화가 나는 것은 어쩌면 당연할 것이다.

상황 3.

"다른 집 남편들은 음식물 쓰레기 버리는 거랑 화장실 청소하는 거는 알아서 한대!"

남편에게 원하고 기대하는 행동에 대해서 솔직히 말하기보다는 다른 사람과 비교하며 이야기하는 경우도 흔하다. 자신이 원하는 사항을 솔직하게 표현하지 못하고 이렇게 다른 사람과의 비교를 통해 평가하고 비난하는 표현법을 쓴다면, 과연 상대가 내가 원하는 방향대로 행동해 줄 가능성이 얼마나 될지 의문이다.

상황 4.

"아이가 아파 빨리 오라고 연락을 했는데……. 아 글쎄, 회식을 한대요!"

오랜만에 잡힌 회식에 빠지는 것이 곤란하다는 남편과 아이가 아픈데 회식이 웬 말이냐는 아내. "실장, 팀장이 다 참석하는 자리라 어쩔 수 없었어"라는 남편의 말에 아내는 더 화가 난다. '어쩔 수 없지 않느냐'란 말은 서로에 대한 기대를 접어버리게 만든다. 자신의 책임을 회피하는 표현법이기 때문이다.

부부는 손을 잡고 육아라는 긴 터널을 통과해야 한다. 터널 끝에 서서 돌아보면 곁에 서 있는 사람은 배우자밖에 없다. 인생의 동반자로서 따뜻한 말 한마디의 힘을 서로 주고받을 수 있으려면 어떻게 해야 할까?

부부 간의 대화에서는 '있는 그대로 표현하기, 솔직하게 말하기'가 정말 중요하다. 자신이 원하는 것을 솔직히 말하는 것은 불필요한 오해를 막는다. 현재 내 상태, 감정에 대해 알려주는 것만으로도 말이다.

내 안에서 올라오는 비난의 메시지를 참지 말고 다 털어내라는 이야기가 아니다. 그 비난의 메시지 뒤에 내가 무엇을 원하고 있는지를 솔직하게 말하는 것이다. 이것은 충분한 자기이해가 선행되어야 한다. 자신도 자기 자신을 다 알지 못할 때가 많다. 그러면서 상대가 날 알아주지 못한다고 화를 낸다. 우리는 자신이 무엇을 원하는지 알고 대화에 임할 수 있어야 한다. 솔직하게 말하는 법은 다음과 같다.

첫째, '생각'과 '객관적 사실'을 구분해서 말하자.

생각은 평가와 해석의 말이다. 선입견, 우선순위, 가치에 따라 사람마다 중요하게 여기는 것이 모두 다르다. 그렇기 때문에 '생각'은 오해를 불러일으키기 쉽다.

둘째, 자신이 무엇을 원하는지 명확하게 말하자.

자신이 무엇을 원하지 않은지에 대해서 혹은 다른 사람과의 비교를 통해 우회적으로 표현한 것을 상대가 알아서 나의 부탁을 잘 받아들일 것이라고 생각해서는 안 된다. 우리는 상대에게 해석하는 수고를 넘기지 말아야 한다.

셋째, 자신의 감정을 솔직하게 표현하자.

같은 상황을 보고 서로 다르게 생각할 수 있지만, 감정은 서로의 입장을 역지사지하여 바라볼 수 있게 도와준다. 감정을 나눌 수 있다면 서로의 입장을 공감하기가 쉬운 만큼 부부 사이의 간격을 좁힐 수 있다.

마지막으로 밖에서 만난 다른 사람에게는 사소한 것에도 고맙다, 미안하다는 말을 잘하면서 정작 배우자에게는 인색한 사람들이 많다. '뭐, 그런 것까지 말해?'라는 생각과 함께 어쩐지 배우자에게 고맙다, 미안하다라는 말을 하기 쑥스럽다고 말한다. 하지만 가까운 사이일수록 존중하고 배려하며 더 예의를 지킬 수 있어야 한다.

1. 서로에게 이것쯤은 당연히 해야 한다고 여기거나 기대하고 있는 것이 무엇인지 알고 있나요? 아내, 엄마로서 당연히 해야 한다고 여기고 있는 것은 무엇인지 적어보세요.

2. 남편, 아빠로서 당연히 해야 한다고 여기고 있는 것은 무엇인지 적어보세요.

어떠세요? 자신이 배우자에 대해 어떤 기대를 하고 있는지 알 필요가 있어요. 배우자의 말 한마디에 자동반사적으로 반응하는 자신의 태도에는 배우자에 대한 기대와 그에 대한 실망이 담겨 있는 경우가 많거든요.

03

엄마가 지켜주는 아빠의 자존감

결혼 직후 남편과 나는 서로를 더 잘 이해하기 위해 〈부부 일기〉를 썼다. 부부일기는 출산 직전까지 15개월 동안 미처 나누지 못했던 서로의 일상과 속마음을 주고받는 역할을 했다. 남편에게 말로 다 하지 못한 속상함을 적기도 하고, 또 미처 표현하지 못했던 고마움을 글로 표현하기도 했다. 어떤 일에 대해 남편이 어떻게 바라보고 있는지, 나와 다른 시선으로 바라보고 있다는 걸 알게 됐을 땐 서로의 다름에 대해 인정하기도 했지만 나와 같지 않다는 것에 실망스럽기도 했다.

출산 후, 서로를 더 잘 이해하고 그래서 더 잘 공감하기 위해 시작했던 부부일기 쓰기의 취지가 무색해질 만큼 남편에 대한 이해는커녕 나에 대한 이해와 배려만을 요구하게 되었다. 제대로 먹지도 씻지도 자지도 못했던 상황에서 나는 내가 누리지 못하는 권리에 대한 불만을 남편에게 쏟아냈던 것 같다. 주중에라도 이 희생의 시간에서 '혼자만' 잠깐 비켜서 있는 남편이 너무 얄미웠던 건지도 모르겠다.

사람들이 이혼을 하는 이유는 다양하다. 성격 차이, 경제적 문제 등 가정사를 들여다보면 저마다의 이유가 있다. 하지만 내가 보기에는 서로가 대화하는 법을 몰라서 성격 차이가 생기고 갈등이 생기는 것 같다. 관계의 핵심은 바로 '소통'이다. 우리는 소통하는 방법 때문에 갈등을 겪는다.

한쪽은 자신의 생각을 아낌없이 표현하고(퍼붓는다고 하는 게 적절할지도) 다른 한쪽은 꿀 먹은 벙어리마냥 잠잠한 집도 있고, 둘 다 자신의 이야기만 줄기차게 하는 집도 있다. 한쪽이 좀 더 성격이 강한 사람을 맞춰줘서 관계가 유지되더라도 이는 바람직하지 않다.

내가 어떤 태도를 가지고 남편과의 대화에 임하는지 확인한 계기가 있다. 비폭력대화 연수 중 '돈'에 대한 주제로 이야기를 나눌 때다. 내가 돈을 어떻게 보고 있는지 '돈과 나와의 관계'에 대해서 확인해 볼 수 있는 기회였다. 어린 시절 '돈이 중요하다'고 말하는 아빠에게 반감을 가지며 '세상에는 돈보다 중요한 것이 있다'라는 생각을 했었다. 하지만 어려운 시기를 거쳐 오면서 나 또한 지금은 '돈은 꼭 필요하다'라는 생각을 가지게 되었다. 그리고 내가 가진 생각을 남편에게 강요하고 있는 내가 보였다.

집안의 경제적인 부분에 대해서 이야기를 할 때면 나는 '돈'의 가치를 강조하고 있었다. 비단 돈뿐만이 아니었다. 내가 중요하다고 생각하거나 옳다고 생각하고 있는 것을 남편에게 강요하고 있다는 걸 알아차렸다. 나와 비슷하거나 같은 의견이 아니면 답답하고 화가 났다.

불현듯 이것이 남편에게 국한되지 않을 것이라는 걱정이 들기 시작했다. 지금은 아이가 어려 건강하게 자라는 것밖에는 기대하는 것이 없지만 아이가 한 해 한 해 성장하면서 내가 기대하는 바도 생길 것이고 그것에 대해 주장하게 될 지도 모른다. 아이가 나의 의견을 따라주지 않는 것보다 내 생각을 아이에게 강요하게 될 모습이 더 참을 수 없었다. 남편을 대하는 태도가 곧 아이를 대하는 태도가 될 것 같았다.

아이를 낳고 나서부터는 남편과 둘만의 대화가 현격히 줄어들었다. 나와 남편의 대화는 '무엇을' 이야기했느냐가 아니라 '어떻게' 이야기했는지에 따라 곧잘 싸움이 되기도 했다. 나를 비롯해 주변 아기 엄마들을 보면 아이에게는 무조건적인 친절을 베풀면서 남편에게는 그렇지 못한다. 그리고 이 둘 사이의 간극이 너무 크다.

안간힘을 써서 남편에게 하는 태도와 아이에게 하는 태도를 분리시키는데 성공했다 치더라도 남편과 아이를 향한 태도에서의 차이 때문에 아이는 엄마의 행동에 진정성을 느끼지 못할 것이다. 아이에게만 하는 반쪽짜리 태도만으로 아이에게 긍정적인 영향을 줄 수 있을 것이라는 기대는 내려놓는 것이 좋다.

부부 사이의 의사소통 방식은 고스란히 아이에게 전달된다. 남편에게는 소리를 지르며 막 대하다가 아이를 향해 부드럽게 미소 지은 얼굴로 상냥하게 말한다면 아이는 엄마의 진짜 모습이 무엇인지 혼란스럽게 된다. 엄마의 친절 뒤에 감춰진 어떤 꿍꿍이가 있을 것이라는 생각에 엄마의 호의를 호의로 받아들일 수 없게 되는 것이다. 이는 다른 사람과의 관계를 맺어가는 부분에서도 문제가 생긴다.

아이의 의견은 존중하면서 남편의 의견은 존중하지 않는 태도를 보이는 경우 아이는 혼란스럽다. 엄마가 사람을 대하는 이중적인 잣대는 아이를 자기밖에 모르는 자기중심적인 아이로 만들 수도 있다.

비교신학자 조셉 켐벨은 "결혼이란 자신을 상대방에게 희생시키는 것이 아니다. 자신을 그 관계됨에 희생시키는 것이다"라고 했다.

요즘은 맞벌이 부부가 대세다. 하늘 높은 줄 모르고 치솟는 물가에 비해 쥐꼬리만큼 오르는 월급이니 둘이 벌지 않으면 내 집 마련은 정말 하늘의 별 따기인 세상이다.

그래서 아내들은 할 말이 많다. 밖에 나가서 돈 버는 것은 똑같은데 가사분담은 예전과 별로 달라진 점이 없기 때문이다. 여자들은 밖에 나가서 돈도 벌고 집안일에다 아이까지 키워야 하는 삼중고에 시달리고 있다. 집에 오면 손 하나 까딱하지 않는 남편을 생각하면 속에서 울화통이 터진다. 세대가 바뀌면서 가정의 모습이 많이 달라지긴 했지만 아직도 이런 가부장적인 태도를 고수하는 남성들이 꽤 있음에 놀랄 뿐이다.

결혼이란 관계를 맺게 되었다면 그 관계됨에 자신을 희생시킬 수 있어야 한다. 물론 한쪽의 일방적인 희생을 말하는 것이 아니다. 남편과 아내는 결혼을 통해 맺어진 관계다. 이 관계를 잘 이어가고 싶다면 노력을 해야 한다.

그래서 나는 매일 결심한다. 오늘도 남편에게 친절해지기로. 남편이 말하고 행동하는 방식을 내가 통제할 수는 없지만, 내가 남편을 대하는 태도는 선택하고 통제할 수 있기 때문이다.

아이를 낳고부터는 남편의 잘한 점보다 부족하고 못한 점이 더 눈에 들어온다는 아내들이 많아요. 잘하는 것은 당연하고 못하면 화가 난다는 겁니다. 비난과 불만이 가득한 에너지로 남편을 본다면 남편이 내가 원하는 대로 행동해 줄까요? 남편이 잘하고 있는 것을 찾아 적고, 칭찬해 주세요!

04

아이는 부모의 갈등 해결방식을 배운다

한 해의 마지막 날, 아이가 감기증세를 보여 근처 소아과에 방문했다. 병원에 갈 때마다 느끼지만 어쩌나 아픈 아이들이 많은지 이 날도 1시간 반을 기다려서야 진료를 볼 수 있었다. 병원에 들어와 30분쯤 흘렀을 무렵 한 엄마가 아이를 안고 들어와 접수처에서 간호사에게 언성 높여 이야기하는 것이 보였다. 왜 사전에 말해주지 않았느냐는 짧은 신경질적인 한마디가 들렸고, 그 엄마는 이내 돌아서 대기실로 들어오면서 어딘가로 전화를 걸었다. 그러곤 "아니 무슨 병원이 이래. 담당 의사가 휴진이면 휴진이라고 미리 예약할 때 알려줬어야지 접수를 뭐 이따위로 하냐! 여기 원래 이런 식이야?"하며 자신의 분노를 담은 하소연을 늘어놓고 있었다. 병원 분위기는 이 엄마의 불평에 잠시 동안 냉기가 흘렀다. 대기시간이 길어진 이유가 담당 의사 한 명이 휴진했기 때문이라는 간호사의 설명에 이 엄마는 사전안내를 받지 못해 대기시간이 길어진다는 것을 예측하지 못해서 일정에 차질이 생겼다는 불만을 누군가에게 전화를 걸어 토로하고 있었던 것이다.

이처럼 사소해 보이는 갈등의 상황은 우리 주변에서 종종 일어난다. 우리가 그 갈등의 당사자가 되었을 때 어떤 태도로 갈등을 다루고 해결하는지 자신의 태도를 한 번 생각해보자.

불합리한 처우에 대해 개선해달라는 요구를 우리는 어떤 식으로 표현하고 있을까? 고성을 지르고 삿대질을 하면서 자신의 부당함을 호소하고자 애쓰는가? 아니면 큰소리 나는 것이 싫어서 뒤에서 툴툴대며 참고 있는가?

사람마다 갈등을 다루는 방식은 다르다. 우리가 갈등을 다루고 해결하는 법에 대해 따로 배운 적이 없듯이 아이들도 마찬가지일 것이다. 그저 학교에서 친구들과 어울리면서 또는 부모나 다른 사람들이 갈등을 어떤 식으로 해결하는지 보면서 스스로 체득하게 된다. 결국 아이들에게 갈등 해결의 본을 보여줄 수 있는 역할은 부모가 해줄 수밖에 없다. 아이들에게 갈등 해결의 본을 보여주려면 우선 자신이 갈등의 상황에서 어떤 태도를 취하는지부터 살펴볼 필요가 있다.

아이들이 갈등상황에 놓이게 됐을 때 우리는 부모로서 어떻게 행동하고 있을까? 첫째 아이와 둘째가 어울려 놀다 싸우면 자초지종은 묻지 않고 "엄마가 보니 네(동생)가 잘못했으니 형한테 '미안해'라고 말해. 형은 '괜찮아, 우리 다시 같이 놀자'라고 말하고"라고 잘잘못을 가려 사과하고 용서하라고 강요하고 있지는 않은지 자신의 태도를 살펴보자.

둘이 한꺼번에 자신의 상황에 대해서 이야기할 때 우리는 "조용히 해"라고 고함치는 대신, 아이들이 공평하다고 생각할 만큼 그들의 이야기를 골고루 귀 기울여 들어주어야 한다.

"엄마는 너희들 이야기를 다 잘 들어주고 싶어. 그러려면 한 사람씩 돌아가면서 이야기해야 하는데, 자 그럼 누구부터 이야기할래?"

서로의 속마음과 원하는 것을 제대로 말로 표현하는 법을 가이드해주는 역할만으로도 아이들은 스스로 갈등을 해결해나가고 규칙을 만들어낸다.

가정에서 엄마, 아빠는 바로 이 롤모델이 되어줄 수 있어야 한다. 상대와 생각의 차이에서 오는 갈등을 어떻게 말로 잘 풀어나갈 수 있을지 말이다. 화가 나고 섭섭하다고 토라져 며칠이고 말 한마디 하지 않거나, 쌀쌀한 냉기를 몰고 다니며 주변 사람 눈치를 보게 만드는 아이는 다른 사람들과는 물론 자기 자신과도 편안하게 지내지 못한다.

대부분의 부모들이 아이 앞에서 부부싸움을 자제하려고 애쓰기는 하지만 그 분위기까지 감출 수는 없다. 상대에 대해 화가 나는 감정을 참았다고 해서 갈등이 해결되었다고 할 수는 없다. 우리는 화가 나면 상대를 비난하고 싶은 말들이 목구멍까지 차오른다. 나 또한 결혼 전부터 비폭력대화를 배워 삶에서 실천하기 위해 애쓰고 있지만, 비폭력대화를 가장 실천하기 어려운 상대가 다름 아닌 남편이다. 비폭력대화를 오랫동안 배운 분들이 "부모와 자식은 되는데, 배우자는 안 돼"라고 했을 때 피식 웃으며 넘겨버렸던 나는 그 말뜻을 얼마 지나지 않아 온몸으로 느끼게 된 것이다.

"당신이 ○○했으니까."

"당신 때문에!"

내가 아닌 상대에게 책임을 돌리는 이런 말들은 갈등을 해결하는데 아무런 도움이 되지 않는다. 갈등을 해결하자는 것인지 감정싸움을 하자는 것인지 그 목적이 분명치 않게 된다.

"나는 ○○을 원했기 때문에", "나는 ○○이 중요하기 때문에"로 시작하는 말일 때 우리는 상대가 무엇 때문에 화가 났는지 알 수 있다. 문제가 무엇인지 공감할 수 있으면 해결방법을 같이 논의할 수 있다.

서로 비난하고 헐뜯으며 변명을 쏟아내거나, 반대로 서로 아무 일도 없었다는 듯이 조용히 지나가는 것이 아니라 말로 '제대로' 표현할 줄 알아야 한다.

'누구의 잘못인가?'라는 질문에 '나 아니면 너'라는 공식에서 벗어나야 한다. 상대가 나를 어떻게 상처 주었는지 어떤 말로 내 마음을 상하게 했는지에 대해서 털어놓으면 상대는 자신을 비난하는 말로 받아들이고 방어태도를 취한다. 따라서 감정 이면에 있는 나의 충족되지 않은 욕구와 그에 따른 나의 느낌에 초점을 둘 수 있어야 한다. 부모의 이런 갈등 해결 방식을 보고 자란 아이라면, 부당한 일을 당했을 때 자신의 목소리를 어떻게 내야 할지 현명한 선택을 할 수 있을 것이다.

상대를 비난하려는 마음을 담아 말한다면, 상대가 우리말을 들어 줄 가능성이 얼마나 될까? 자신이 중요하게 여기는 것이 무엇인지에 집중해 얘기할 때, 우리가 원하는 결과에 더 가까워질 수 있다.

우리는 혼자서 살아갈 수 없다. 1차적인 관계를 맺는 가정에서부터 학교, 직장에 이르기까지 우리는 늘 다른 사람과 관계를 형성하며 그 안에서 울고 웃는다. 그래서 갈등은 없을 수가 없다. 어딘가에 늘 존재한다. 갈등이란 것이 늘 우리 주변에 존재하는 것이라면 우리는 이것을 지혜롭게 다룰 수 있는 방법을 배울 필요가 있다.

아이들은 뭐든지 빨리 배운다. 갈등을 건강하게 해결할 수 있는 방법을 경험하며 자란다면, 성장하면서 만나게 될 수많은 갈등 상황에서 자신과 상대방의 관계에 도움이 되는 방식을 선택할 수 있게 된다. 두려워하며 얼어붙거나 도망가지 않을 것이다.

05

거절하기와 거절 받아들이기

육아휴직 기간에 별난 경험을 한 적이 있다. 하루 종일 아이와 단 둘이 지내는 것이 염려스럽다며 동네 엄마가 나를 자신의 모임에 초대한 일이었다. 엄마들을 만나 정보도 교류하고 이야기도 하다 보면 육아 스트레스도 풀 수 있다며 나를 초대한 그녀가 참 고마웠다.

나는 곧 가정집에 몇몇이 아이와 함께 모여 요리를 배우고 친분을 나눌 수 있는 '엄마 모임'에 참가했다. 하지만 슬프게도 그 모임은 요리교실을 가장해서 다단계 상품을 선전하는 곳이었다. 나의 '육아 우울증'을 염려했던 그녀의 호의는 단지 회원모집을 위한 술책일 뿐이었던 것이다. 아무것도 모르고 첫 모임에 참가해 4회차 요리교실 비용을 지불했던 나는 다음 모임은 나가지 않겠다는 연락을 어떻게 할 것인지 고민에 빠졌다. 가자마자 연락처를 공유하고 단체 SNS방에 합류한 터였다. 나는 솔직한 내 마음을 털어놓기보다는 '남편이 다단계 모임인 걸 알게 되어 나가지 말라고 한다'라는 핑계를 대며 그 모임에서 빠져나왔다.

다른 사람의 부탁이나 요청을 거절해야 할 때 우리는 그 순간을 피하기 위해 애써 만나는 자리를 피하려고 노력하기도 하고, 어쩔 수 없이 맞닥뜨린 상황에서는 거절하더라도 상대가 어쩔 수 없지 하고 수긍할 법한 핑계거리를 찾아내느라 머릿속이 바쁘다. 이조차도 마땅찮을 때는 어떡해야 할지 몰라 마음속으로 쩔쩔 매고 있는 자신을 발견하게 된다. 그리고 애써 거절에 성공하더라도 마음이 불편하고 찝찝하며, 만약 연락의 횟수가 뜸해지기라도 하면 나를 싫어하게 됐다고 생각하기도 한다.

마음에 내키지 않는 일을 이런 불편한 상황이 생기는 것이 싫어 수락하는 사람들도 참 많다. 다른 사람에게 '좋은 사람' 소리를 듣기는 하겠지만 자기 자신은 점점 싫어질 것이다.

많은 사람들이 거절해야 할 경우 상대방에게 상처 주지 않으면서 자신 또한 죄책감을 가지지 않고 거절할 수 있기를 바란다. 가족이나 친구 등 친분이 두터운 사람에게 뿐만 아니라 별로 친하지 않는 사람에게도 왜 이렇게 거절하기가 어려운 것일까?

거절을 할 때 무엇보다 솔직해지는 것이 중요하다. 그렇다고 "그냥 네 부탁은 별로 하기 싫어"라거나 "귀찮아서 싫은데"라는 표현을 하라는 것이 아니다. 또는 "네 일은 네가 알아서 해야지"라고 충고를 하라는 것도 아니다.

우선 상대방을 공감해 주는 것이 먼저다. 누구나 무언가를 부탁할 때 거절에 대한 두려움을 안고 있다. 그 마음을 알고 있기에 거절할 때 죄책감을 느끼고 편치 않은 것이다. "사실은 내가……"라고 거절하는 메시지를 시작하게 될 때의 불편함 만큼이나 상대도 긴장하고 있기는 마찬가지 일 것이다.

"돈 좀 빌려줘"라는 문자를 친구로부터 받았을 때 "마이너스 통장을 알아봐"라고 정보를 알려주거나 "나는 친구랑 돈거래 안 해"라고 자신의 신념을 알려주기 전에 "무슨 일 있는 거야? 안 좋은 일이라도 생겼을까봐 걱정돼"라고 상대를 공감해주는 한마디가 필요하다.

한편 상대방이 나의 부탁을 거절했을 때 우리는 존재 자체를 거부당한 듯한 느낌이 들어 슬프고 무기력해진다. 나는 거절당할까봐 두려워 부탁하는 것이 어려웠다. 겉으로는 부탁하는 것이 상대방에게 민폐를 끼칠까봐 염려되기 때문에 싫다고 말했지만 실은 거절의 두려움이 있었다.

아이의 첫돌을 기념하여 돌잔치를 준비할 때였다. 출산 휴가에 이어 육아휴직을 한 터라 직장동료에게 내 아이의 돌잔치 소식을 알리지 못했다. 사실 초대하고 싶은 사람들이 많았지만 거절당할까봐 걱정되어 "다른 사람에게 민폐끼치는 돌잔치는 NO"라고 외쳤다. 혹은 '진심으로' 축하해 줄 몇몇만을 초대하고 싶다고도 했다.

하지만 사실은 근 1년 간 연락이 뜸하다 아이 돌잔치에 맞춰 연락을 했을 때 상대가 흔쾌히 초대에 응해줄지에 대한 확신이 없었다. 용기를 냈다가 마음의 상처를 받을까봐 겁이 났다.

나는 아이의 첫 생일파티에 친분이 있는 많은 사람들을 초대해 자랑하고 싶었다. 내가 이만큼 아이를 키워냈노라고 인정받고 싶기도 했고 우리 아이가 건강하게 태어나 아무 탈 없이 이렇게나 자라주었음을 다 같이 모여 축하하고 또 축하받고 싶었다. 아이가 건강하게 1년을 보냈음을 축하하며 감사할 수 있는 기쁨을 나눌 수 있었던 순간들을 나의 두려움이 막아서고 있었던 것이다.

그리고 솔직한 내 마음을 드러내기보다는 다른 사람 운운하며 '좋은 사람'인 척 흉내를 냈다. 거절에 대한 두려움 그 이면에는 이처럼 상처받을까 겁내 하고 있는 연약한 내가 숨어있다. 그리고 그 안에는 부탁의 수락 여부에 따라 상대와의 친밀함과 관계에 대한 끈끈함이 달라진다고 여기며 "나를 좋아한다면 내 부탁을 들어줘야 한다"라는 '강요'가 있었다.

우리는 부탁과 강요를 구분할 수 있어야 한다. 부탁은 자신의 욕구를 의식한 다음 자신이 원하는 삶을 구현하기 위해서 구체적인 행동을 요청하는 것이다. 만약 상대가 거절하면 그 거절 뒤에 있는 그 사람의 욕구를 공감해주고 모든 사람의 욕구가 충족될 수 있는 다른 방법을 찾아볼 수 있다.

반면 강요는 '꼭 들어줘야 해'란 마음을 가지고 부탁 형태로 요청하는 것이다. 상대가 거절하면 판단/비난을 하거나 죄책감을 심어준다. 자신이 한 부탁을 거절당했을 때, 자신이 어떻게 행동하는지에 따라 그 부탁이 정말 부탁이었는지 아니면 강요였는지 알 수 있다.

거절하기에서 가장 중요한 것은 상대방의 입장을 공감해주고 자신의 상황에 대해 솔직하게 표현하는 것이다. 거절을 받아들이는데 있어서 가장 중요한 것 역시 상대방의 입장을 공감해주고 자신의 마음을 솔직하게 표현하는 것이다. 거절하는 상대방을 설득하기 위해 자신의 상황을 이해시키려고 애쓰는 것이 아니라, 상대방의 입장을 먼저 공감하기 위해 노력하는 것이 중요하다.

06

"설거지할 동안 애 좀 봐"는 NO, 남편에게 제대로 부탁하는 법

아내가 남편에게 "나 설거지 하는 동안 애 좀 봐"라고 하면 남편이 정말 애만 멀뚱히 보고 있는 당황스러운 일들이 벌어진다. 아내는 아이와 놀아달라는 뜻으로 한 부탁이지만 남편은 그 부탁의 상세한 의미를 파악하지 못한다. 아이와 놀 마음이 없는 것인지, 아니면 정말 몰라서 그런 것인지 보는 아내는 속이 터진다.

'애 좀 봐'라는 말의 뜻을 풀어서 알려줘야 하냐고 답답해하는 아내들이 많겠지만, 알려주어야 한다. 자신이 상대에게 원하는 행동을 구체적으로 부탁할 수 있을 때 상대가 그 행동을 할 가능성이 더 크기 때문이다.

우리는 불만 뒤에 부탁을 숨겨 말하는 경우가 많다. 남편으로부터 새 노트북을 선물 받았을 때다. 윈도우7 환경에 익숙했던 나는 새로운 노트북의 윈도우8의 환경을 접하고 적잖이 당황했다. 새로운 전자기기 앞에서 대체 어떻게 사용해야 할지! 성능 좋은 제품이었지만 사용할 줄 몰라서 답답했다. 그리고 자꾸만 윈도우10으로 무료 업그레이드를 하라는 메시지가 떴고 남편과 나는 같이 그 작업을 했지만 SNS 검색으로도 해결되지 않는 절차 안에 갇혀 같은 절차를 몇 번이고 반복하고 있었다. 나는 짜증이 났고 "이 노트북 안 쓸 거야. 못 쓰겠어!"라며 화를 냈다. 이 말에 숨은 나의 부탁은 바로 "당신이 알아서 환경설정 좀 해줘"란 말이다. 하지만 남편에게서 돌아온 말은 "그럼 쓰지 마"였다.

어쩌면 부탁하는 방식도 아이가 부모로부터 배우게 될 것이다. 삶을 풍요롭게 하는 부탁, 어떻게 하는 것인지 부모로서 먼저 모범을 보일 수 있어야 한다.

이렇게 생각해보자. 부탁은 다른 사람이 나에게 기여할 수 있는 기회를 주는 선물이 될 수 있다. 기꺼이 주는 즐거움을 느낄 수 있기 때문이다. 우리는 다른 사람에게 무언가를 줄 수 있을 때 기쁨을 느낀다. 다른 사람의 삶에 긍정적인 영향을 미쳤다는 것 자체가 자신의 존재 가치를 올라가게 만들기 때문이다. 하지만 부탁하는 것에도 원칙이 있다.

첫째, 강요가 되어서는 안 된다.

대부분 상대가 내가 한 부탁을 거절할 경우 죄책감을 느끼도록 만든다.

"동생과 사이좋게 지내자"라는 말에 아이가 따르지 않을 때 "나쁜 아이"라고 비난한다. 이런 경우는 부탁이 아니라 상대방이 꼭 내가 원하는 대로 해줘야 한다고 강요하는 경우다.

둘째, 구체적이고 명확해야 한다.

우리가 기대하는 것에 대해 상대방이 쉽게 이해할 수 있도록 명확하고 긍정적이며 구체적으로 표현할 수 있어야 한다. "아이랑 좀 놀아줄래?"라고 남동생에게 부탁한 적이 있는데 아이와 노는 방법을 잘 몰랐던 동생은 아이 주변에 덩그러니 앉아있기만 했다. "아이와 공놀이도 하고 스티커 붙이기 놀이를 같이 해줄래?"라고 구체적으로 정해주면 이내 아이와 그 놀이를 시작한다. 내가 알고 있는 것을 상대방도 다 알고 있다는 생각으로 내용을 함축해서 말하면 내 뜻이 상대방에게 그대로 전해지기가 어렵다.

셋째, 부탁할 때 자신의 느낌과 욕구를 표현한다.

그렇지 않으면 상대방이 듣기에 명령처럼 들려 불필요한 오해가 생길 수 있다. "겨울이라 해가 빨리 져서 추워질까봐 걱정돼. 따뜻할 때 구경할 수 있도록 서둘렀으면 좋겠어"라는 말을 생략하고 "빨리 출발해요"라고만 말한다면 상대방은 재촉받는다는 느낌이 들어 기분이 상한다.

부탁과 함께 감사도 우리의 삶을 풍요롭게 만들어준다. 감사는 상대가 한 구체적인 행동이 나의 어떤 욕구를 충족시켜 주었는지, 나의 느낌과 함께 표현하는 것이다. 주말부부인 나는 어지간해서는 일요일에는 집에서 쉬는 편이다. 일요일 밤 9시에 다른 지역으로 출발해야 하는 남편을 위해서다. 하지만 그 날은 가구를 잡고 일어서기 시작하는 아이의 안전을 위해 남편이 일요일 오후 몇 시간을 이 방 저 방으로 가구들을 들고 옮기는 수고를 해주었다. 나는 남편에 대한 고마움을 이렇게 표현했다.

- **감사: 자기야, 오늘 안방, 거실, 작은방 내 가구와 물건을 옮겨 주어서 고마워요. 준이가 좀 더 안전한 공간에서 놀 수 있게 되어서 마음이 놓이고, 정돈된 나만의 공간이 생겨 기뻐요!**

칭찬으로 표현하면 아마 이렇게 말했을 것이다.

- **칭찬: 자기는 멋진 남편이자 멋진 아빠야! 최고야!**

늘 멋지고 최고일 수는 없다. 현재 내게 충족된 욕구에 초점을 두고 상대에게 고마움을 구체적으로 전하면 자신의 어떤 행동으로 상대가 어떻게 만족하는지 알 수 있다. 이는 상대의 삶에 기여했다는 뿌듯함을 느낄 수 있게 해준다.

물론 이런 감사의 표현을 했을 때 상대가 묵묵부답인 경우 조금 맥이 풀리기도 한다. 명심해야 할 것은 나의 감사 표현에 대한 상대의 반응 여부는 상대의 것이란 점이다. 감사를 하는 것 자체로 기쁨과 충만함을 느끼면 그것으로 충분하다.

나 자신, 남편, 아이 그리고 주변 사람들에게 부탁과 감사를 표현해 보세요
〈부탁〉
1. 나 자신에게 하는 부탁(구체적, 긍정형, 행동언어)

2. 남편에게 하는 부탁(구체적, 긍정형, 행동언어)

3. 아이에게 하는 부탁(구체적, 긍정형, 행동언어)

〈감사〉
1. 나 자신에게 하는 감사(구체적, 충족된 욕구, 느낌)

2. 남편에게 하는 감사(구체적, 충족된 욕구, 느낌)

3. ㅇㅇ에게 하는 감사(구체적, 충족된 욕구, 느낌)

chapter 6

Q&A 다독다독 상담소

01. 아침에 등원 준비로 서둘러야 하는데, 아이가 늑장을 부릴 때 화가 나요

02. 화가 날 때 소리 지르고 울거나 거친 행동을 하는 아이 때문에 힘들어요

03. 좋은 말로 하면 말을 안 들어요

04. 아이들이 싸울 때 누구 편을 먼저 들어줘야 하나요? 어떻게 중재해야 하나요?

05. 아이에게 잘못한 게 있더라도 바로 사과하면 부모 권위가 떨어질까봐 걱정되요

06. 같은 걸 반복해서 묻는 아이 때문에 답답해요

07. 야단친 뒤 아이가 안아달라고 할 때, 내가 안아주면 지는 것 같아서 아이의 부탁을 거절하는데 그래도 괜찮을까요?

08. "엄마, 싫어!"라고 하는 아이 때문에 속상해요

09. 화를 안 내니 날 만만하게 보는 것 같고, 화를 내니 아이가 주눅 드는 것 같아요

10. 마트 갈 때마다 장난감 사달라고 떼쓰는 아이 때문에 힘들어요

11. 알면서 '일부러' 안 하는 아이 때문에 화가 나요

12. 징징대는 아이, 울면서 말하는 아이 때문에 괴로워요

13. 아이 앞에서는 화를 참고 싶은데, 잘 안 돼서 괴로워요

14. 책에서 말하는 것처럼 아이의 마음을 공감해 주려면 어떻게 해야 하나요?

***

아침에 등원 준비로 서둘러야 하는데, **아이가 늑장을 부릴 때 화가 나요**

Q 아침에 어린이집 등원 준비로 서둘러야 하는데 빨리빨리 움직여 주지 않으면, 화가 나고 아이한테 예쁜 말이 안 나가요. 소리치고 화를 내고 결국에는 아침부터 아이를 울리게 되니 마음이 안 좋아요.

A 아침마다 엄마는 아이 등원 시간에 맞춰 서둘러 움직이지만, 아이는 엄마 바람대로 움직여 주지 않아 힘드시지요? 시간에 쫓기다 보니 예민해지고 내 마음처럼 움직여주지 않는 아이를 보면 답답함이 끓어올라 애가 탈 때가 많습니다. 아침마다 반복되는 이 상황에 신물이 나기도 하고, 언제 나가야 할지 이제 알만도 할 텐데 아침마다 꾸물대는 아이가 한없이 못마땅해지지요. 결국 아침부터 아이는 눈물바람이고 겨우 아이를 등원시키고 난 뒤 돌아서는 엄마 마음은 불편할 수밖에 없지요. 하루의 시작인 아침을 기분 좋게 시작하고 싶은 마음에 꾹

꾹 참으려고 애써보지만 늘 한계에 부딪치지요!

아이들은 200%의 배려가 필요한 존재입니다. 재촉한다고 시간표대로 움직여 주지도 않고요.

아이가 반복적으로 늑장을 부리는 이유가 무엇인가요? 그 환경을 개선하는데 초점을 두세요. 겉으로 보이는 아이의 늑장 부리는 행동만을 탓할 것이 아니라 그 행동을 개선할 수 있는 환경을 지원하는데 초점을 두세요!

늦게 일어나기 때문에 시간이 부족한가요?

밥을 너무 늦게 먹어서인가요?

오늘 입고 갈 옷이나 머리 스타일을 자신의 마음에 들게 해달라고 떼를 써서 그런가요?

특정한 상황이 아침마다 자주 반복된다면, 그러한 상황을 미연에 방지할 수 있도록 사전 조율이 필요합니다. 늦잠이 문제라면 취침시간을 조정해 좀 더 일찍 일어날 수 있도록 하거나, 입고 갈 옷 때문에 시간이 지연된다면 자기 전에 내일 입을 옷이나 신발을 아이와 함께 골라 정리해 두세요. 아침마다 가기 싫다며 엄마랑 집에 있고 싶다고 우는 아이라면 어린이집이나 유치원에서의 어떤 점이 아이를 계속 불편하게 하는지 확인해 봐야 합니다.

눈에 보이는 아이의 늑장 부리는 행동에만 초점을 두고 '얘는 매일 아침마다 왜 저래?'라고만 생각한다면 다른 해결방법들이 떠오르지 않습니다. 물론 아침에는 시간에 쫓기기 때문에 차분히 다른 대안을 떠올리기가 어렵기도 하고요.

그러니 오늘 저녁 아이를 재우고 난 뒤, 등원 전 아이의 행동을 되새겨 보고 아이에게 필요한 게 무엇인지를 곰곰이 생각해 보세요. 겉으로 보이는 현상이 다가 아닙니다. 그 이면에 있는 아이의 감정과 욕구를 봐야 다른 방법과 수단을 찾는 게 쉬워집니다.

***

화가 날 때 소리 지르고 울거나 거친 행동을 하는 **아이 때문에 힘들어요**

Q 아이가 자신이 원하는 대로 되지 않으면 소리 지르고 울며 뒤집어져서 힘들어요.

A 아이는 자신이 무엇을 원하고 어떻게 하고 싶은지는 잘 알지만 그걸 언어로, 말로써 표현하는데 상당히 서툴러요. 할 수가 없습니다. 그러다보니 자신의 욕구가 좌절되면 화가 나고 속상한 감정을 울고 떼쓰는 행동으로 표현한답니다. 어른들은 겉으로 보이는 아이의 심술 맞은 행동만 보고 야단치게 되지요.

하지만 그렇다고 아이가 금방 진정되거나 문제 행동이 없어지는 것은 아닙니다. 혹시 '감정은 받아주되 행동은 제한하라'라는 말 들어보셨나요?

감정은 수용해 주셔야 합니다. 엄마가 참기 힘든 행동을 할 때에도 '아이 나름의 이유'가 있거든요. 어른이 보기에는 생떼지만, 아이 입장에서는 충분히 그럴 만한 이유가 있다는 사실 꼭 기억해 주세요.
특히나 아이가 어려 말을 잘 못하는 경우에는 부모가 아이의 감정과 욕구를 찾아서 대신 말로 표현하는 연습을 계속해서 하셔야 합니다. 그게 말로 표현이 되면 거친 행동으로 이어지지 않는데(말로 표현하고 요구할 수 있으니까요) 아직 그게 힘든 경우에는 부모가 대신 표현해 주세요.

이게 중요한 이유는요,
첫째, 부모가 말로 자신의 감정과 욕구를 표현해 주는 것을 듣고 아이도 배워요. 자신이 원하는 대로 잘 되지 않아 화가 날 때, 울고 떼쓰거나 물건을 던지고 누군가를 때리는 대신 말로 표현할 수 있다는 걸 부모를 통해 배울 수 있답니다.

둘째, 아이가 격한 행동을 하면 할수록 감정이 강하다고 보시면 돼요. 그럴 땐 하지 말라고 혼내고 주의를 준다고 금방 진정되지 않아요. 아이의 마음을 알아주어야 진정이 돼요. 아이는 부모가 자신의 감정을 반영해주는 모습을 통해서 자신의 감정을 진정시키는 방법 또한 배울 수 있습니다.

이렇게 말로 표현하는 방법을 배우게 되면, 화가 난다고 물건을 던지거나 다른 사람을 때리는 등의 거친 행동으로 표현하지 않을 수 있습니다. 어릴수록 다른 사람의 상황을 이해하고 공감할 수 있는 능력이 부족하기 때문에 자신의 욕구를 충족시키는 게 우선입니다.
하지만 '안전'과 관련된 사항, 예를 들면 누군가를 때리거나 물건을 집어 던질 때는 단호하게 '안 돼'라고 말해주세요. 아이의 행동은 잘못된 것이지만, 그 이면에 있는 아이의 욕구는 나쁘지 않으니 비난하지는 마시고요. 또한 위험한 물건을 자꾸 만지려 한다면 "안 돼"라고 해서 위험하다는 인식을 심어주는 것도 중요하지만, 그와 동시에 아이의 눈앞에서 아이의 손 닿는 곳에서 그 물건을 치워야 합니다. 만지고 싶은 호기심이 왕성한 아이에게 위험하니 만지지 않도록 스스로 '인내심'을 발휘해 참으라고 하는 것은 아이 능력 밖의 것을 요구하는 것이기에 지키기 어렵거든요.

***

좋은 말로 하면 **말을 안 들어요**

Q 늘 아이의 마음을 공감해주는 방식으로 말해야만 하나요? 아이한테 안 먹혀도 되풀이해서 계속 말해야 하는 건가요? 큰아이가 동생을 때릴 때 "때리지 마" 하고 소리치고 화내면 바로 아이가 알아듣는데 그럴 때도 아이의 마음을 알아주는 게 먼저인가요?

A 공감대화를 적용해 거듭 말해도 아이의 문제 행동이 고쳐지지 않으면 엄마는 좌절감을 느끼게 됩니다. 그리고 힘이 듭니다. 소리치고 화내는 '쉽고 편한' 방법을 쓰고 싶어지지요.

하지만 소리치고 화내서 아이가 말을 듣는 것은 당시 엄마의 표정, 억양, 말투 등에 대한 두려움 때문에 자신의 행동을 잠깐 멈추는 것에 불과합니다. 엄마가 "동생 때리지 마"라고 소리칠 때, 진정 원하는 것은 '누군가와의 관계에서 갈등이 생겼을 때 동생을 때리는 것과 같은 폭력적인 방법을 쓰는 것이 아니라 건강한 방법으로 해결하는 법을 배우는 것일 텐데요. 아이들은 어떻게 해야 엄마의 이런 마음을 알고 또 배울 수 있을까요?

갈등이 생겼을 때 어떤 식으로 문제를 해결해야 할지에 대한 가이드라인을 제시해줘야 아이가 배울 수 있습니다. 단순히 "때리지 마!", "그만둬!"라고 한다면, 아이는 갈등을 어떤 식으로 해결해야 되는지에 대한 방법을 배울 기회가 없어요. 그러다 보니 비슷한 상황이 생길 때마다 계속 같은 말을 반복해야 하고, 그때마다 목소리는 점점 더 올라가야 아이가 듣는 척이라도 하니 엄마로서는 힘이 더 들 수밖에요.

물론 아이들은 단번에 달라지지 않아요. 그건 우리 어른도 마찬가지지요? 쉽고 편한 방법대로 행동하고 싶고 또 자연히 그렇게 움직여집니다. 변화란 어른과 마찬가지로 아이도 힘들어요. 그러니 기다려줘야 합니다. 관계에서는 갈등이 생길 수밖에 없는데 그걸 좀 현명하게 풀어나가는 법을 배울 수 있도록 도움을 주고 싶다면 공감대화로 꾸준히 말하는 것이 멀리 보면 더 효과가 있어요.

아이의 마음을 먼저 공감해주고 아이의 마음을 먼저 들어주세요. 그래야 엄마 말을 들을 여유가 생깁니다. 그리고나서 엄마가 갈등에 대처하는 방법에 대한 가이드라인, 즉 조언을 해주세요.

***

아이들이 싸울 때 누구 편을 먼저 들어줘야 하나요? **어떻게 중재해야 할까요?**

Q 6살 4살, 두 살 차이 형제가 싸울 때 어떻게 대처해야 할지 늘 어려워요. 동생이 형 물건을 마음대로 만질 때 형은 다시 달라고 하는데 동생이 안 주니, 형이 동생을 때리고 빼앗는 상황이 자꾸 반복됩니다. 저는 말귀 알아듣는 첫째를 매번 혼내게 되고요. 어떻게 해야 하나요?

A 아이들의 갈등 중재 방식 때문에 고민이시네요. 형제끼리 서로 사이좋게 잘 지내면 부모로서는 정말 감사한 일이지요. 하지만 둘이 잘 노는 만큼 또 싸우기도 하는데요, 아이들이 서로 다툴 때는 당연히 속상합니다. 일단, 둘째가 더 어리고 갈등이 생겼을 때 앙앙 울기 쉬울 테니, 상황에 대한 책임을 큰아이에게 먼저 묻는 편이시군요.

둘 사이에 갈등이 생겼을 때 동생 편에 서서 대변해 주시지 말고, 각자의 마음을 들어 주세요. 특히 지금은 큰아이의 마음을 많이 들어주셔야 할 것 같습니다. '아이들이 싸우는 것'에 마음이 아프시겠지만 싸우는 데는 이유가 있습니다. 아이들의 모든 행동에는 이유가 있어요. 행동 이면의 욕구를 들여다보시고 그걸 해결해주셔야 '싸움'이라는 결과 대신 다른 상황(사이좋게 지내는)으로 이어질 수 있어요.
그리고 보통 부모들은 아이들에게 '싸우지 말고 사이좋게 지내라'라는 말을 수천 번 한다고 하시는데요. '어떻게' 사이좋게 지내는 건지 그 구체적인 방법을 알려주셔야 합니다. 형과 동생이 장난감을 가지고 '어떻게' 사이좋게 지내는지, 동생이 형이 만든 블록 탑을 넘어뜨렸을 때 '어떻게' 사이좋게 갈등을 해결할 수 있는지를요.
'싸우지 말고 사이좋게 지내'라는 게 어떻게 행동하고 말해야 하는 것인지를 구체적으로 알려주지 않고 단순히 '싸우지 말고 사이좋게 지내'라는 말만으로는 아이들이 어떻게 행동해야 할지 배우기가 어려워요. 잘못된 행동인지 알아도 그 대신 어떻게 해야 하는 건지 알 수가 없거든요.

그리고 동생을 때리는 행동을 했을 때 "동생 때리면 안 된다고 엄마가 몇 번을 얘기했어! 때리는 건 나쁜 거야" 하고 큰아이를 혼내기 전에 아이에게 먼저 해명할 기회를 주세요. 동생을 때리는 행동은 잘못된 것이 분명하지만, 그 전에 그러한 행동을 한 이유와 아이의 감정을 알아주셔야 합니다. 기존의 방식으로 아이를 야단친다면 '다음에는 엄마가 보지 않을 때 동생을 때려야겠다'라는 가르침을 줄 수 있거든요.

큰아이가 동생을 때리는 것을 봤을 때의 엄마의 표현도 중요합니다.
"네가 동생을 때리는 걸 봤을 때, 엄마가 깜짝 놀라고 걱정됐어. 엄마는 너와 동생 모두가 다치지 않고 안전하게 잘 크는 게 중요하거든." 그리고 "무슨 일이야?"라고 물어보세요.
"너 왜 동생 괴롭혀? 왜 또 동생 때려? 엄마가 그러지 말라고 했잖아!" 라고 판단한 상태에서 아이에게 추궁하듯 말하거나 대하지 마시고 큰아이에게 물어보세요. 자기 나름의 합당한 이유가 있습니다. 먼저 아이의 마음을 들어주시고, 엄마의 자기표현을 해주세요.
"동생이 마음대로 네 물건을 들고 가서 화가 났구나. 그리고 달라고 했는데도 주지 않아서 더 화가 난거고. 네가 화가 난 건 엄마도 충분히 이해돼. 다른 사람이 내 물건을 함부로 가져가면 엄마도 화가 나거든. 하지만 화가 난다고 다른 사람을 때리는 건 안 돼."

아이의 마음을 공감해주고 나서 다음에 비슷한 상황이 또 발생하게 된다면 '때리는 행동' 대신 어떻게 하면 좋을지 같이 대화해 보세요. 6살 아이니 충분히 같이 대안을 찾을 수 있고, 자신이 참여해서 만든 대안이라면 아이가 더 잘 지키기 쉽거든요.

***

아이에게 잘못한 게 있더라도 바로 사과하면 **부모 권위가 떨어질까봐 걱정되요**

Q 어디선가 듣기로 밤에 귀가 제일 잘 열린다고 하더라고요. 그래서 제가 아이한테 잘못한 일이 있더라도 바로 사과하기보다는 자기 전에 사과하는 게 좋다고 해서 그렇게 하고 있는데 맞는 건가요? 사실 바로 사과하면 부모로서 권위가 떨어질까봐 걱정도 되거든요.

A 우리는 아이를 사랑하지만 그만큼 존중하지는 않는다고 하는데요, 이 '존중'이라는 것을 어떻게 해야 하는지 쉽게 알려면 그 상황에서 아이의 입장에 나를 대입해 보면 답이 나와요. 예를 들어, 남편이 나에게 어떤 실수를 했는데 그 자리에서 알아차렸어요. 이때 바로 자신의 잘못을 인정하고 사과하는 걸 원하세요? 아니면 잠자리에 들 때 옆에 누워서 낮에 내가 그랬던 거 미안했다고 말해 주길 원하세요?

전 둘 다 좋지만, 굳이 하나를 선택하라면 전자죠. 잘못한 걸 알아차렸다면 바로 사과해야 합니다. 그렇지 않으면 섭섭하기도 하고 분하기도 하고 마음이 상해 남편의 다른 행동도 곱게 보이지 않을 거예요.

아이도 마찬가지입니다. 아이는 억울한 마음이 들어서 작고 소심한 복수(불러도 대답 안 하기, 어기적거리며 굼뜨게 행동하기 등)를 꿈꾸게 되거든요.

아이는 부모의 말이 아닌 태도를 보고 배웁니다. 잘못한 것이 있으면 인정하고 사과하는 모습을 통해 아이도 그런 태도를 배울 수 있어요. 아이에게 미안한 일이 있다면, 알아차리는 즉시 그 마음을 전하세요. 빠르면 빠를수록 좋습니다.

***

같은 걸 반복해서 묻는 **아이 때문에 답답해요**

Q 아이가 같은 걸 계속 물어봐요. "몇 번을 얘기했는데 너 못 들었어? 안 들렸어?"라고 재차 물어보게 되고 그러면 아이가 주눅 드는 것 같아 걱정도 되지만, 똑같은 걸 자꾸 물어보니 너무 답답해요.

A 아이의 행동에 대해 '왜 저래!' 하고 단정 짓지 말고 호기심을 가지고 접근하는 게 필요합니다. '아이가 못 들은 게 아닌데 왜 자꾸 같은 걸 묻는 걸까?' 하고요.
어떤 마음에서 그런 행동을 하는지 아이의 욕구 차원에서 접근할 수 있어야 합니다.

저도 비슷한 경험이 있었어요. 남편이 운동을 가면서 아이에게 "아빠 운동 다녀올게"라고 인사를 하고 나갔음에도 불구하고 잠자리에 누운 아이가 서너 차례 "아빠 어디 갔어요?"라고 묻더라고요. 저도 아이가 아빠가 어디 갔는지 모르는 게 아닌데 계속 똑같은 걸 물으니 이상하더라고요. 그래서 물어봤어요.

"준아, 아빠 아까 운동 간다고 인사한 거 기억나?"

"응."

이번에는 제가 아이 대신 질문을 바꿔서 물어봤어요.

"준아, 아빠 보고 싶어?"

"응! 아빠 보고 싶어!"

아이는 더 이상 아빠 어디 갔냐고 묻지 않더라고요. 아이는 아빠가 보고 싶은 거였어요. 이렇게 아이의 마음을 표현하는 문장을 찾아주니 그제야 같은 질문을 반복하던 걸 멈추더라고요. 이처럼 정작 하고 싶은 말은 따로 있었는데 그걸 표현하는 방법을 몰라서 계속 같은 질문을 반복했을 수 있습니다. 아직 어리기 때문에 자신의 마음을 표현하는데 한계가 있거든요.

또는 엄마가 대답한 표현을 아이가 이해하지 못한 경우 아이는 반복해서 묻습니다. 아이가 여러 차례 똑같은 질문을 한다면, 그 질문에 매번 똑같은 단어를 사용해 대답하지 마시고 다르게 표현해보세요.

호기심을 가지고 아이가 한 말이나 행동 이면의 욕구가 무엇인지 추측해 보세요. 아이들의 모든 행동에는 이유가 있거든요.

***

야단친 뒤 아이가 안아달라고 할 때, 내가 안아주면 지는 것 같아서 아이의 부탁을 거절하는데 **그래도 괜찮을까요?**

Q 아이가 잘못해서 야단을 쳤어요. 눈물을 뚝뚝 흘리면서 "엄마, 나한테 와서 안아주세요. 토닥토닥 해주세요" 해요. 아이가 그럴 때 저는 '잘못했으면 자기가 와서 안겨야지, 왜 내가 가서 안아주고 토닥여주며 달래줘야 해? 그건 내가 지고 들어가는 것 같잖아' 하는 생각이 들어서 아이를 안아주러 가지 않아요. 그럼 아이는 "엄마 미워!"라고 소리쳐요. 야단친 뒤, 아이가 안아달라고 하면 안아줘야 하는 건가요?

A 아이는 자신이 잘못해서 엄마가 날 혼냈지만, 그럼에도 불구하고 자신이 사랑받고 있단 걸 확인받고 싶어 합니다. 반면, 엄마는 아이가 무언가를 잘못해 혼이 났을 때 아이가 안아달라고 해서 안아주면 본인이 지는 거라는 생각을 하고 계세요. '아이가 잘못해서 혼을 냈는데, 내

가 그걸 받아주면 아이의 잘못된 행동을 인정해 주는 거야'라는 생각이 있습니다.
즉, '아이를 안아 준다 = 아이의 잘못된 행동을 인정한다'라고 생각하고 계세요. 이건 그런 문제가 아니에요.
가족치료의 대가 존 브래드 쇼는 『수치심의 치유』에서 이런 말을 했어요.
'자기중심적 사고는 아이에게 모든 것이 내 책임이라는 생각을 갖게 한다. 이는 모든 것을 개인화시킨다는 말과 같은데 예를 들면 "엄마가 날 사랑했다면 교회에 안 가고 나랑 있었을 텐데"이다. 우리는 사랑하는 것에 시간을 둔다. 아이들에게 시간을 들이지 않으면 아이는 자신을 가치 없게 느낀다. 아이는 관심과 이끌어줌이 필요하다. 아이들의 자기중심적인 사고방식은 엄마나 아빠가 보이지 않으면 자기가 싫어서 그런다고 여긴다. 자기가 뭔가 잘못해서 그렇지, 괜찮다면 옆에 있을 것이라고 여긴다. 아이들이 자기중심적으로 모든 것을 판단하는 이유는 아직 그들이 자신의 경계를 알 만큼 성숙하지 않았기 때문이다.'

이처럼 아이는 자기중심적으로 생각하기 때문에 엄마가 '나를 싫어해서' 자신을 혼내고, '나를 사랑한다면' 자신을 안아줄 거라고 생각합니다.
야단을 친 것과 아이를 안아주는 것은 별개입니다. 야단을 친 것은 아이의 잘못된 행동에 대한 것이고 그럼에도 불구하고 아이를 안아주는 것은 아이에게 '엄마가 너를 혼냈지만 그것과 상관없이 나는 너를 사랑해'라는 메시지를 전하는 태도거든요. 아이는 그저 그걸 확인하고 싶었을 뿐이에요. 엄마가 나를 혼냈지만, 여전히 나를 사랑하고 있다는 확신이 아이에게는 중요하거든요!

자, 이제 걱정 말고 안아주세요.

***

"엄마, 싫어!"라고 하는 **아이 때문에 속상해요**

Q "엄마 싫어", "엄마 미워", "엄마 가!"라고 하는 아이 때문에 속상해요. 다른 사람들이 보면 어떻게 생각할까 걱정도 되고요.

A "엄마 싫어. 엄마 미워. 엄마 가!"라는 말을 들으면 속상하기도 하지만 슬프지요. 마음이 아픕니다. 그리고 '내가 저한테 어떻게 해줬는데, 그런 말을 해!'라는 생각이 들면서 화가 나기도 하고요. 다른 사람들에게 부모-자녀 관계에 무슨 문제라도 있는 것처럼 보일까봐 걱정되고 마음이 불편해집니다.

이처럼 아이가 공감하기 어려운 말을 할 때는 겉으로 들어난 아이의 표현에 마음 두지 마시고 그 이면의 감정을 읽으시면 됩니다. '나한테 야단맞아서 속상하다는 표현을 저렇게 하고 있구나!' 하고 이해하시면 됩니다.

아이들은 자신의 감정을 표현하는데 한계가 있거든요.

"엄마 싫다고 엄마한테 그러는 거 아니야! 나쁜 말이야!", "너 버릇없이 누가 엄마한테 그런 말하래. 어디서 그런 말을 배웠어?"라고 아이를 혼내 전에 "엄마한테 화난 거 있어? 서운하거나 속상해?"라고 아이가 감정을 표현할 수 있도록 먼저 도와주고, 그 다음에 엄마의 자기표현도 하시면 됩니다.

"준이가 엄마 싫다고 하는 말을 들으니깐 엄마 슬프고 마음도 아파. 왜냐하면 엄마는 사랑하는 준이랑 잘 지내고 싶거든. 앞으로 엄마한테 화나거나 서운한 일 있으면 엄마 싫어라고 하지 말고 '나 엄마한테 화났어요. 또는 서운해'라고 말해줄래?"라고 부탁해 보세요. 그리고 아이의 속마음을 들을 수 있는 기회로 만들어 보세요.

***

화를 안 내니 날 만만하게 보는 것 같고, 화를 내니 **아이가 주눅 드는 것 같아요**

Q 아이한테 화를 안 내니깐 아이가 제 말을 안 듣고 엄마인 절 만만하게 보는 것 같아요. 참다 참다가 화를 한 번씩 내면 또 너무 크게 내는 것 같아 고민이에요. 강약 조절이 안 돼요. 그래서 아이가 좀 주눅 들고 위축되어 보여서 화를 내면서도 '아차!' 싶고 제가 잘못한 것 같단 생각이 들어서 괴로워요.

A '화'에 대해 어떤 생각을 가지고 계시나요? 혹시 부정적인 감정인 '화'를 내서는 안 될 감정으로 구분하고 있지는 않으신지요. 화는 '상대의 말이나 행동에 대해 내가 힘들다'는 자기표현입니다.

자기표현은 필요합니다. 그래야 아이도 자신의 어떤 말과 행동이 부모를 힘들게 하는지 배울 수 있는 기회가 되거든요. 그러니 화는 자기표현이기도 하면서 상대에게 내가 중요하게 여기는 것을 알려줄 수 있는 기회이기도 합니다.

하지만 우리가 보기에 명백히 잘못한 행동이라도(예: 하루 종일 게임하기) 아이들에게는 긍정적인 의도, 이유가 있어요(즐거움, 친밀함, 우정, 연결, 자존감 등). 그걸 알아주는 게 중요합니다. 아이는 자신의 마음을 알아주는 사람을 내 편으로 여기고, 그럼 그 사람이 하는 말을 좀 더 편안하게 잘 들어줄 수 있거든요.

화를 낼 때 아이가 위축되고 주눅 든다고 느끼는 이유는, 화의 내용이 아이를 비난하는 내용이라서 그렇게 생각하시는 게 아닐까요?

화는 내서는 안 되는 잘못된 감정이 아닙니다. 다만, 어떻게 표현하느냐가 중요하지요.

***

마트 갈 때마다 장난감 사달라고 떼쓰는 아이 때문에 힘들어요

Q 올해 네 살인 아이가 마트에 가면 장난감을 사달라고 울고불고 떼를 씁니다. 집을 나서기 전에 "오늘은 장난감 안 사 줄 거야"라고 단단히 일러주지만, 막상 마트 장난감 코너에 가면 아이는 "오늘 꼭 살 거야" 하면서 고집을 피우고 떼를 씁니다. 그러다 보면 또 장난감을 사주고 나오게 돼요. 어떻게 해야 할까요?

A 마트에 가기 전 아이와 규칙을 정하세요. 그리고 장난감은 생일날, 어린이날, 크리스마스 등 특정한 날에만 구입할 수 있다는 것을 알려주세요.

마트에 가기 전 정하는 규칙은 "오늘은 마트 가서 장난감을 사지 않을 거야"에서 끝나지 않습니다. 이것을 지키지 않았을 때 어떻게 할지도 포함되어야 합니다.

"오늘은 마트 가서 장난감을 사지 않기로 약속했어. 만약 네가 또 장난감을 사달라고 하면 엄마는 바로 너와 함께 집으로 돌아올 거야"라고 말해주세요. 그리고 장난감을 사달라고 떼쓰면 "아까 엄마가 한 말 기억해? 장난감을 사달라고 하면 엄마는 바로 너와 함께 집으로 돌아간다고 했어. 이제 집으로 갈 거야"라고 알려주세요. 그래도 아이가 떼를 쓴다면 말한 대로 곧장 집으로 돌아와야 합니다.

그래야 아이도 엄마 말에 신뢰가 생기거든요. 엄마가 안 사준다고는 했지만, 아이는 조금만 더 고집을 부리고 떼쓰면 장난감을 받을 수 있다는 것을 이미 경험으로 알고 있어요. 그러니 계속 떼를 쓰게 되는 겁니다.

규칙을 통해 어떤 부분에서 어떻게 행동해야 할지에 대한 가이드라인을 마련해 주세요. 그래야 아이도 그에 맞게 행동할 수 있어요. 이건 부모에게만 편한 게 아니라 아이도 원하는 것입니다. 가정에서 또 사회에서 자신의 어떤 행동이 수용되는지 예측할 수 있는 게 아이 또한 중요하거든요.

규칙을 만들었다면 지켜야 합니다. 그래야 엄마 말에 신뢰가 생깁니다. 한두 번 규칙과 다르게 행동하면 아이도 내가 조금만 더 울고 떼를 쓰면 엄마가 내 말을 들어줄 거야! 하는 자신만의 규칙이 생겨버리거든요.

단, 지키지 못할 말은 절대 하지 마세요. 예를 들면,

"너 계속 고집 피우면 너 놔두고 엄마 혼자 집에 갈 거야."

어때요? 절대 지킬 수 없는 규칙이지요?

아이 입장에서 부당하게 여겨지는 규칙도 아이는 받아들이지 못합니다.

예를 들면,

"이 장난감 당장 안 치우면 다 갖다 버릴 거야."

아이에게 겁을 줘서 아이의 마음을 돌려볼 속셈에서 하는 말이지만, 보통 현실 가능성이 없기에 엄마 말에 대한 신뢰도를 떨어뜨리고, 아이 마음속에 적대감만 키울 수 있으니 유의하세요.

***

알면서 '일부러' 안 하는
아이 때문에 화가 나요

Q 내가 무슨 말을 하는지 다 알아듣고 이해도 하는데 '일부러' 하지 않는 아이 때문에 화가 나요.

A 부모들은 아이가 부모의 말을 알아듣고 이해하면 그것을 할 수 있는 능력이 있다고 여깁니다. 하지만 이것은 부모의 명백한 오해입니다. 저는 최근에 운전연수를 다시 시작했습니다. 10년 묵은 장롱면허를 꺼내 운전대를 다시 잡은 것인데요. 주변에서 말렸지만 남편이 나서서 연수를 해줬고, 주변의 염려 그대로 남편은 끊임없이 잔소리를 쏟아냈지요.

"코너를 돌 때마다 옆에 공간이 있을 때는 크게 돌아. 후진 주차를 할 때는 사이드 미러를 보고 핸들을 이렇게……."

고백하건대 처음에는 남편의 말이 무슨 말인지 도통 이해가 되지 않았습니다. 지금은 무슨 말인지 이해합니다. 하지만 이해하는 것과 이해한 그대로 행동하는 것은 별개라는 것을 알았습니다.
제가 이해했다고 해서 그것이 곧 이해한 그대로 운전할 수 있다는 것은 아닙니다. 알고는 있지만, 저는 알고 있는 대로 운전하기가 어렵습니다. 남편이 말한 대로 운전하고 싶지만 할 수가 없는 것이지요. 옆 사람에게 피해를 주려고 삐딱하게 주차한 게 아니라, 앞뒤로 여러 차례 오가며 애써서 했음에도 삐딱하게 주차할 수밖에 없었던 겁니다. 시야를 넓게 보라지만 전방 주시하는 것만으로도 너무 힘들어 다른 곳은 볼 여유가 없었던 겁니다.

아이들도 마찬가지입니다. 어렸을 때는 잘 몰라서, 이해를 못해서라고 넘어가던 일도 아이가 조금씩 성장하면서 부모들은 자녀가 '말귀 알아듣고, 다 이해하는데 왜 못해'라고 생각하기 시작합니다. 이해한다는 것을 곧 할 수 있다로 받아들이는 겁니다. 그래서 하지 못하는 것이 아니라 하지 않는 것이라 생각하기 때문에 화가 납니다.
제 남편도 마찬가지였습니다. 여러 번 말했는데도 제가 자신이 알려 준 대로 운전을 잘하지 못하는 것을 두고 자신의 말을 제대로 귀담아 듣지 않는다고, 또는 옆에서 조언을 해주는 대도 불구하고 제 마음대로 운전해 버린다고 오해하며 화를 냈어요. 안 하는 것이 아니라 못하는 것인데도 말이에요.

아이들도 마찬가지입니다. 안 하는 것이 아니라, 못하는 것입니다.

***

징징대는 아이, 울면서 말하는 **아이 때문에 괴로워요**

Q 아이가 징징대고 울면서 말할 때마다 너무 힘들고 괴로워요. 참아 지지 않고 저 또한 소리치고 화내게 됩니다.

A 아이가 징징거리면서 말하는 이유가 뭘까요?

먼저 그 징징거리는 이유에 대해서 한 번 살펴볼게요. 아이를 가만히 지켜보면 '처음에는 울지 않고 좋게 말했는데 부모가 들어주지 않아서' 징징대는 경우가 많습니다. 결국 징징거리게 되는 것은 부모에게 하는 '내 말 좀, 내 요구 좀 집중해서 봐줘! 들어줘!'라는 어필인 것이죠. 우리는 내가 어떤 걸 해야 하고, 무엇이 필요한지에 대해 합리적인 이유를 설명하며 자신의 요구를 표현할 수 있지만 아이들은 논리적인 자기표현이 힘듭니다. 그래서 '징징'거리며 자신의 욕구를 어필하고 있는 것이지요. 즉, 징징은 아이의 서툰 감정표현입니다. 자신을 좀 봐달라는, 내 얘기를 들어달라는 요청이 그 안에 숨어 있지요. 하지만 우리는 겉으로 드러난 징징거림만 보고 판단해서 주의를 주고 야단을 치고 충고를 하기 쉬워요.

아이가 징징거리거나 울기 전에 아이 말을 귀 기울여 들을 수 있다면 참 좋겠지만 사실 그게 너무 어렵지요. 그러다 보니 아이는 자기의 의사가 무시되어 징징거리게 되고요.
저도 아이에게 "징징대지 말라고 했지!", "울면서 말하면 못 알아들어"라고 자주 말했는데, 돌이켜 생각해보니 처음부터 아이가 그렇게 말하지는 않았더라고요. 처음에 아이가 한 말을 제가 가볍게 넘겨들어 반응이 없거나 거절했을 때 아이는 징징대거나 울면서 말합니다. 그러면 부모가 한 번 더 자신의 말에 귀 기울여 주니까요! 결국 징징거리거나 울면서 말하는 건 아이의 자기표현 수단 중 하나인 것이죠. 논리적인 이유를 설명할 수 없으니까 대체수단을 만든 것입니다. 아이도 자신의 욕구를 충족시키기 위해서 노력하고 있는 셈이죠.
그리고 한 번 감정이 상해버리면 성숙한 어른도 비합리적인 선택을 하는 경우가 많듯이, 아이 또한 감정이 상해버리면 얄밉고 심술궂은 행동을 하곤 합니다.

아이들이 징징거릴 때 많은 부모들이 이렇게 반응합니다.

"징징거리지 마!"

"똑바로 말해!"

이렇게 말해봤자 아이의 징징거림은 멈추지 않습니다. 오히려 더 심해집니다. 본격적으로 아이와 엄마의 힘겨루기가 시작되는 시점이기도 하지요.

그렇다면 징징대는 아이를 어떻게 대해야 할까요?

"징징대면서 말하면(혹은 울면서 말하면) 네가 뭘 원하는지 알아듣기가 힘들어. 너의 원래 목소리로 말해줘"라고 반복해서 말해주세요.

그리고 아이가 안고 있는 문제(충족되지 않고 있는 욕구)에 대해서 언급해 주세요.

제 아이는 먹는 걸 좋아하는데, 음식이 나오기까지 기다리는 걸 무척 힘들어합니다. 음식을 만드는 데 시간이 걸린다고 매번 상기시켜주지만 늘 기다리는 걸 못 참아 "빨리 달라"며 징징거립니다. 하고 있다는 데도 옆에서 계속 징징거리고 칭얼거리면 엄마로서는 화가 나지요.

이럴 때 "음식을 만드는 데는 시간이 걸리는데 넌 그게 참기 힘들어?" (아이는 "그렇다"라고 하겠죠) "그럼 음식이 나오기 전까지 뭘 하고 있으면 좀 더 재밌게 기다릴 수 있을까?" 하고 물어봐주세요. 징징거리는 태도보다 문제해결에 초점을 두는 겁니다.

제 아이의 경우에는 "노래 들으면 괜찮을 거 같아"라고 하더라고요. 그래서 노래 CD를 틀어준답니다. 그리고 징징대며 말할 때마다 "엄마는 네가 하는 말을 잘 알아듣고 싶은데, 징징대면서 말하면 네가 뭘 말하는지 엄만 알아듣기 힘들어. 원래 목소리를 말해줘"라고 반복해서 말해줍니다. 점점 나아집니다. 그리고 아이의 감정이 좀 내려가면 연습도 시킵니다.

"자, 이제 너의 원래 목소리로 다시 한 번 말해볼래?"

그리고 아이가 원래 목소리로 자기욕구를 다시 말하는 연습을 할 때마다 칭찬해줍니다.

"그렇게 말하니까 네가 뭘 말하는지 엄마가 잘 알아들을 수 있어 좋아. ○○를 하고 싶다는 거지?"

이런 식으로 반복해서 대하면 아이도 엄마의 대응태도를 알기 때문에 점점 익숙해져 갑니다. 상황에 따라 아이의 징징거림은 계속 일어납니다. 자신의 욕구를 어필해야 하니까요. 하지만 그 지속시간은 점점 짧아집니다. 원래 목소리로 말해도 엄마가 자신의 마음을 알아준다는 걸 아니까요!

***

아이 앞에서는 화를 참고 싶은데, **잘 안 돼서 괴로워요**

Q 꼭 그렇게까지 하지 않아도 된다는 생각이 들지만, 막상 그 순간에는 못 참고 아이들한테 화를 내게 돼요.

A 사실 이 책을 통해 제가 말씀드린 것이나 아이를 대하는 다른 좋은 방법과 육아 정보들이 많지만 그것을 그대로 실천하기 어려운 이유가 바로 엄마 안의 감정, 화 때문인데요.

화는 참는다고 없어지지 않습니다. 꾹꾹 눌러 참다 보면 어느 날 엉뚱한 곳에서 터져서 우리를 더 당황스럽게 합니다. 보통 우리는 아이에게 좋은 영향을 주고 싶고 아이가 상처 받을까봐 걱정되서 좋은 모습만을 보여주려고 애쓰는데요. 삶에 '희노애락'이 있는데 어떻게 좋은 것만 보여주고 화나고 슬픈 부정적인 감정은 보여주지 않을 수 있겠어요.

화가 날 때 어떻게 표현하는지, 슬플 때 어떻게 표현할 수 있는지도 부모가 모델링이 되어 줄 수 있어야 합니다. 세상사 살면서 내 마음대로 안 돼서 화나고 또 슬픈 일이 얼마나 많은데요! 그럴 때마다 잘 참는 게 결코 건강한 게 아니거든요.

저는 감정을 조절하는 법, 통제하는 법을 배우고 싶었어요. 근데 책을 보고 강의를 들으러 다니면 그땐 좀 괜찮은가 싶다가도 결국엔 또 화가 나더라고요.

'나는 안 되는 사람인가 봐.'

'나라는 사람은 이 정도인가 봐.'

이런 생각이 들어서 무척 좌절감을 느꼈답니다.

그러다 감정에 대한 오해를 풀고 나니 달라지기 시작했어요. 화를 안 낼 수는 없다는 것, 화내야 할 상황에서는 화를 내야 한다는 것. 단, 어떻게 표현하느냐가 문제라는 것이죠. 화를 안 내려고 애쓰는 게 아니라 화가 날 때 어떻게 표현할 것인가에 초점을 두니 드디어 달라지기 시작하더라고요.

'화를 어떻게 표현할 것인가'에 초점(내 감정과 욕구)을 두세요. 그리고 그것을 글로 적어 소리 내어 읽어 보면서 연습하세요. 정말 화가 날 때는 속상하고 화가 난다고 언성을 높여 말씀하셔도 됩니다. 단 왜 화가 나는지 그 이유를 꼭 밝히셔야 하는데요. '네가 내 말을 듣지 않아서',

'네가 ○○을 하지 않아서' 등의 상대를 비난하는 내용이어서는 안 돼요.

화는 내가 중요하게 여기는 혹은 원하는 어떤 것이 충족되지 않아서 드는 감정인데요. 내가 무얼 중요하게 여기는지 무얼 원했는지에 대해서 말씀하세요.

화는 자기표현입니다. 내가 무엇을 원했었는지, 내가 중요하게 여기는 것이 무엇인지 표현을 해야 아이도 알아줍니다. 그리고 아이를 향해 비난하지 않으면, 아이 입장에서도 방어하거나 공격하려는 마음이 들지 않습니다.

그럼에도 불구하고 너무너무 화가 나는 순간들이 있을 거예요. 그럴 땐 저런 말들이 생각조차 나지 않죠.

"화가 나", "속상해", "너무너무 화가 나!"라고 크게 소리쳐 말함으로써 감정 해소에 도움을 받을 수 있지만 아이들 앞에서 그렇게 하면 공격적으로 보이기 때문에 사실 소리쳐 말한다는 게 쉽진 않더라고요. 대신 스마트폰 메모장에 글로 감정을 써내려가세요. '손이 입이다~' 생각하시고 손에 감정을 꾹꾹 눌러 담아 적어보세요. 소리 내어 말하는 것의 80% 정도 감정 해소 효과를 얻을 수 있습니다. 감정이 해소되면 아이를 대하는 나의 태도와 반응도 달라진답니다.

***

책에서 말하는 것처럼 아이의
마음을 공감해 주려면 어떻게 해야 하나요?

Q 책에서 말하는 것처럼 아이의 마음을 공감해주는 것이 어려워요. 막상 무슨 말을 어떻게 해야 하는지도 잘 모르겠고요. 공감대화를 잘 하는 좋은 방법이 있을까요?

A 저는 공감대화를 외국어인 영어에 비유하여 표현합니다. 학창 시절 영어 공부에 엄청난 시간을 썼습니다. 중·고등학교 6년, 대학교 4년 그리고 취업준비기간. 취업하고 나서도 자기계발 명목으로 몇 년을요. '차라리 그 돈 모아 여행이나 가는 게 나았는데!' 하는 후회가 되는 것은 돈과 시간을 쓴 만큼 효과를 보지 못했기 때문이지요.
이런 제가 영어권 국가에서 태어나 자랐다면, 돈과 시간을 들여가며 억지로 배우지 않아도 저절로 영어를 듣고 말할 줄 알게 되었겠지요?
공감대화도 마찬가지입니다. 우리가 어린 시절 부모-자녀 관계에서 이런 대화를 주고받으며 컸다면 특별히 대화법이란 걸 배울 필요가 없을 테지요. 서로에게 소리 지르고 비난하는 말이 아닌, 서로의 마음을 알아주고 관계를 돈독하게 해주는 말들을 주고받으며 컸다면, 우리는 지금 아이와의 관계 또 부부와의 관계 더 나아가 다른 사람들과의 관계가 지금과 분명 다를 거예요.

영어처럼 제2외국어처럼 공감대화도 배우고 익히고 연습해야 합니다. 그리고 변화의 동기를 가지고 있는 부모가 주도적으로 노력을 해야 하는 겁니다. 성인이 외국어를 익히는 가장 좋은 방법이 무엇일까요?
영어에 익숙하지 않은 대부분의 사람들은 영어식 사고(주어+동사+목적어로 말하기)가 익숙하지 않기 때문에, 머릿속에서 여러 단어들을 나열하고 맞춰보느라 입으로 뱉기까지 시간이 한참 걸립니다.
그래서 성인이 외국어를 익히는 좋은 방법 중에 하나가 바로 상황에 맞는 표현을 영어문장으로 암기하고 이를 실생활에서 자주 활용해 보는 것입니다. 많이 듣고, 많이 말하기는 모두가 다 아는 사실이고요.

제가 수년간 영어에 돈과 시간을 투자하고도 실패한 것은 아마 이 부분이 부족해서지요. 읽고 쓰고 배운 뒤 직접 말로 뱉는 연습을 해봐야 합니다. 어디서? 바로 일상생활에서요!
평범한 일상생활에서 영어로 듣고 말할 수 있는 환경을 만드는 것은 특별한 노력이 필요합니다. 하지만 공감대화는 내 집에서 아이와 배우자에게 적용할 수 있습니다.

우리에게 익숙하지 않다면 충분한 연습이 필요합니다. 공감적 사고(감정과 욕구를 반영해주는 것)가 익숙하지 않기 때문에 아이의 마음을 즉각적으로 반영해주기가 힘들지요.
책에서 알려주는 공감대화를 내 입으로 말했을 때 어색하고 이상하게 느껴지는 것은, 내가 평상시에 쓰는 언어가 아니기 때문이에요. 일단 기본적인 영어문장을 잘 쓰게 되면 그것을 토대로 응용도 하게 되듯이 공감대화도 마찬가지예요. 어색하더라도 일단은 입으로 뱉어보세요. 반복해서 하다보면 나만의 언어로 자연스럽게 변형하여 쓰게 됩니다.
머리로는 이해하더라도 연습하지 않으면 실제 상황에서 입으로 나오지 않습니다.(헉! 정말 영어랑 똑같지요!?)

원하지 않는 말을 내뱉고 후회와 자책에만 그치지 말고, 다음에는 어떻게 다르게 할지 가이드라인을 만들어 보세요. 오늘 아이에게 했던 후회되는 말을, 다음에는 "어떻게 다르게 할까?"부터 시작하세요. 한 문장 한 문장 나만의 공감대화 문장을 만들어 가는 거예요.

많은 분들이 버럭하고 반성하고 돌아서서 또 화내는 것이 반복되서 힘들다고 하세요. 자, 이제 반성을 이전과 다르게 해보면 어떨까요? 버럭

하지 않는 건 내 의지대로 되는 게 어렵다고 해도, 반성은 내 의지대로 하는 게 좀 더 쉽습니다. 기존의 방법이 상황을 변화시키지 못한다면, 우리는 다른 방법을 찾아봐야 합니다.

아이에게 화가 났던 그 당시 내 감정과 욕구, 그리고 아이의 감정과 욕구를 찾아 다음에는 어떻게 할지 정리해 적어보고 소리 내어 연습해 보세요. 그래야 다음에 비슷하거나 같은 상황에서 이전과 다르게 말할 수 있는 선택의 폭이 생깁니다.

비슷한 상황이 또 발생했을 때 내가 어떤 말과 행동을 할지에 대해 가이드라인을 정해두면요. 물론 가이드라인을 정해 둔다고 그대로 되는 건 아닐 거예요. 뭐든지 단번에 되는 건 없습니다. 하지만 가이드라인을 갖고 있는지의 여부는 큰 차이가 있습니다. 우리가 긴급 상황에서 어떻게 행동해야 할지를 알면 빠른 대처가 가능하듯이, 우리가 화를 낼 때 무의식적으로 자동적으로 반응하는 대신 우리가 원하는 선택을 하려면 미리 여기에 대해서 어떤 행동과 말을 할지 알고 있는 게 중요합니다.

"많은 부모님들이 아이들의 행동이 개선되기를 원합니다. 아이들의 행동이 달라지기 위해서는 부모님들의 말과 행동도 함께 변해야 합니다."

epilogue

어떤 아이로 키울지보다 어떤 부모가 될지 먼저 고민해야 한다

부모에게 자식이란 어떤 존재일까? 흔히 이렇게들 말한다.

'눈에 넣어도 아프지 않을 만큼 예쁘다.'

'자식 입에 들어가는 것만 봐도 배가 부르다.'

'내가 아이 대신 아팠으면 좋겠다.'

그리고 이런 말도 참 많이 한다.

'내 자식인데 내 마음대로 안 된다.'

답답한 마음에 무심코 내뱉는 말이지만 자세히 들여다보면 너무너무 무서운 말이다. 이 말은 곧 다음과 같은 뜻이기도 하다.

'내 자식, 내 마음대로 해도 된다.'

안타깝게도 많은 부모들이 자녀를 사랑하지만 그만큼 존중하지는 않는다. 아이가 해달라는 대로, 아이가 하고 싶다는 대로 다 해줘야 하냐고 반문할지도 모르겠다. 하지만 무조건적인 허용과 존중은 다르다.

'넌 내 말을 들어야 해!'

'내가 하는 게 맞는 거야!'

'다 너 잘되라고 하는 거니 잠자코 엄마 말 들어!'

부모라는 권위를 앞세워 아이에게 무조건적인 복종을 요구하고 있지는 않은지 스스로를 돌아볼 수 있었으면 좋겠다. 우리는 어떤 아이로 키울지보다 어떤 부모가 될지 먼저 생각해봐야 한다. 자신을 먼저 자세히 들여다볼 수 있어야 한다.

'나는 내 아이들에게 어떤 부모인가?'

'어떤 부모가 되고 싶은가?'

세상에서 제일 어려운 것이 좋은 부모 되기이다. 이 세상에 완벽한 사람은 존재할 수 없듯이 완벽한 부모 또한 있을 수 없다. 우리는 이 사실을 먼저 인식할 필요가 있다. 우리가 완벽하지 못해 열에 한 번이라도 사랑하는 아이의 마음에 상처를 줄까봐 항시 마음을 쓰고 애쓸 필요는 없다는 이야기다.

열이면 열 다 완벽히 해내야 제대로 된 부모라는 생각은 버리고, 열에 한두 번이라도 '깨어있을 수 있음'이 중요하다. 그래야 내가 실수했다는 것을 알고 다음에는 다른 선택을 할 수 있다.

옆집에 놀러 가서 본 별난 아이를 가리키며 '저런 애를 어떻게 키우지' 하고 혀를 내둘렀는데, 지금 아이를 키우며 '어쩜, 내 애가 이럴 줄 몰랐어!'라며 소리 없는 비명을 지르고 있는 엄마들이 많다. 하지만 아이들도 이렇게 생각할지 모른다.

'우리 엄마가 그럴 줄 몰랐어!'

아이의 마음을 움직이고 행동을 변화시킨다는 마법의 말은 모든 아이에게 적용되는 공식이 아니다. 통할 수도 있지만 그렇지 않는 경우도 많다.

아이의 성향도 받아들이는 정도도 모두 다르기 때문이다. 중요한 것은 결과에 연연하지 않고 중심을 잡을 수 있는 엄마의 역할이다. 아이가 내 말을 듣지 않았다고 비난하는 것이 아니라, 엄마가 원하는 것이 중요한 만큼 아이가 지금 하고자 하는 것도 중요하다는 것을 알아줄 수 있어야 한다.

한편 내가 자존감에 대해 연구하면서 가장 놀랐던 사실은 바로 '감정'에 대한 것이었다. 감정이 이토록 굉장히 중요하단 사실을 난 아이를 낳고 서른이 훨씬 넘어서야 알게 되었다. 아이의 감정을 받아주는 것만으로도 아이의 자존감을 키워줄 수 있다. 긍정적이든 부정적이든 아이의 감정을 자연스러운 것으로 인정하고 수용해 줌으로써 아이는 자신이 나쁜 아이라서 혹은 자신이 이상해서 그런 느낌을 가지고 생각을 하는 게 아니란 걸 알게 된다. 만약 아이의 감정을 무시하거나 왜곡하고 부모가 생각하는 정답만을 강요하게 된다면, 아이는 거부당했다는 느낌에 큰 소외감을 느끼게 될 것이다.

우리는 아이의 몸과 지성을 키우는 데만 집중할 것이 아니라, 아이의 마음을 돌보고 성장시키는데 초점을 맞출 수 있는 부모의 역할에 대해서 진지하게 생각해 볼 수 있어야 한다. 그리고 엄마들이 아이만큼 자신도 잘 돌볼 수 있어야 한다. 자신의 마음을 잘 살필 수 있어야 엄마의 긍정적인 에너지를 아이에게 전해줄 수 있기 때문이다.

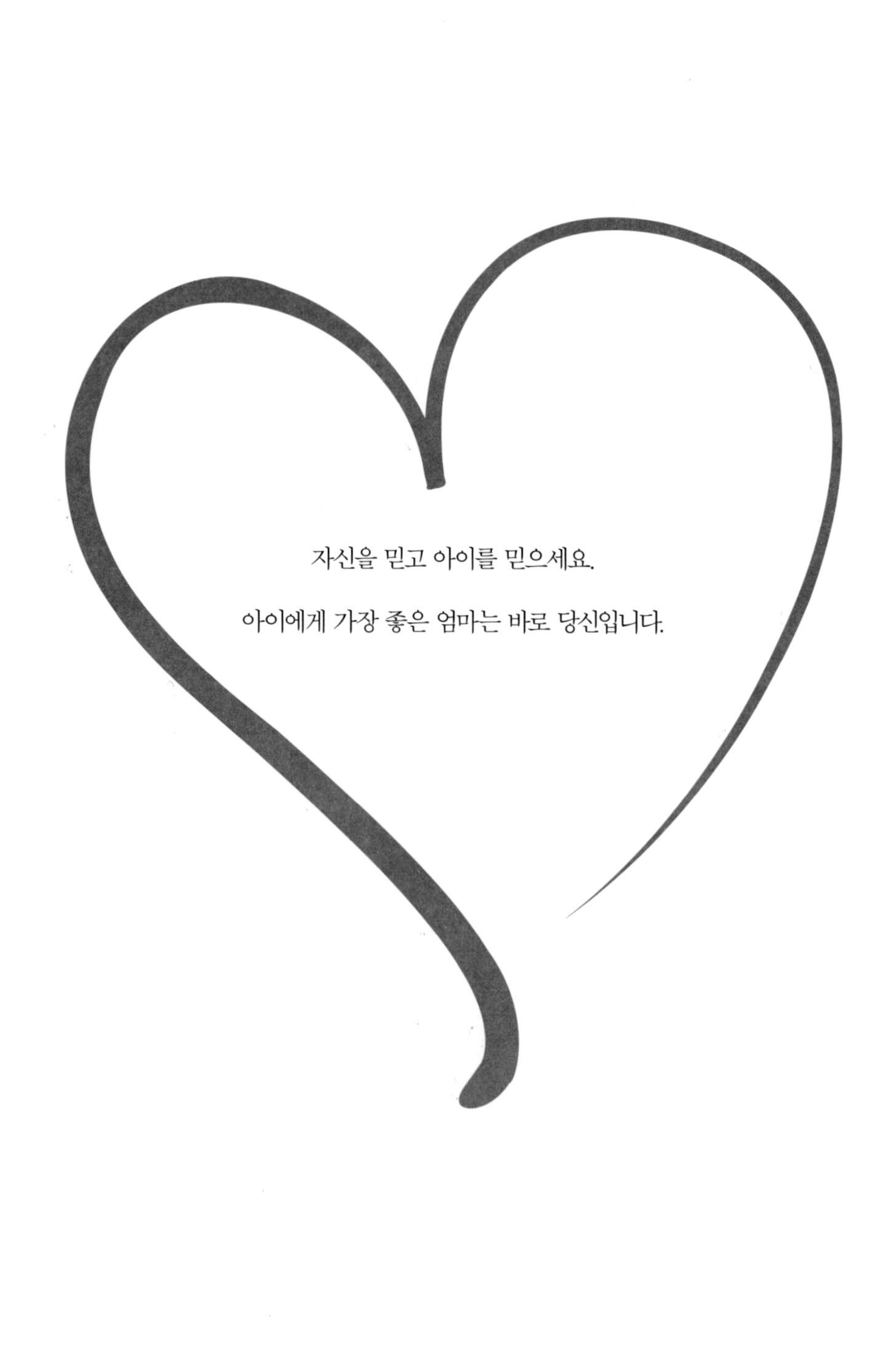
자신을 믿고 아이를 믿으세요.
아이에게 가장 좋은 엄마는 바로 당신입니다.